电网安全生产标准化管理

中国南方电网有限责任公司 组编

中国电力出版社
CHINA ELECTRIC POWER PRESS

图书在版编目（CIP）数据

电网安全生产标准化管理 / 中国南方电网有限责任公司组编. —北京：中国电力出版社，2022.4

ISBN 978-7-5198-6600-6

Ⅰ．①电… Ⅱ．①中… Ⅲ．①电力工业–安全生产–标准化管理 Ⅳ．①TM08-65

中国版本图书馆 CIP 数据核字（2022）第 045768 号

出版发行：中国电力出版社
地　　址：北京市东城区北京站西街 19 号（邮政编码 100005）
网　　址：http://www.cepp.sgcc.com.cn
责任编辑：岳　璐
责任校对：黄　蓓　马　宁
装帧设计：张俊霞
责任印制：石　雷

印　　刷：河北鑫彩博图印刷有限公司
版　　次：2022 年 4 月第一版
印　　次：2022 年 4 月北京第一次印刷
开　　本：710 毫米×1000 毫米　16 开本
印　　张：7.25
字　　数：114 千字
印　　数：0001—3000 册
定　　价：58.00 元

编 写 组

主　　编　汪际峰

副主编　钟连宏　杨泽明　刘育权　张　昆

　　　　　张　衡

编写人员　宋禹飞　王科鹏　王　昕　林晓璇

　　　　　李　茂　孙国银　郑伟钦　李　晓

　　　　　赵　山　王晓毛　孙晓敏　孙文星

　　　　　李正红　喇　元　雷一勇　王　宏

　　　　　李端姣　成国雄　王　彤　周育忠

前　言

中国南方电网有限责任公司（以下简称"南方电网公司"）高度重视标准化和安全生产工作。为加强南方电网公司标准化和安全生产人才队伍建设，强化技术标准和安全生产业务培训，南方电网公司生产技术部、安全监管部组织广东电网公司等单位编制完成本书。本书为南方电网公司提供技术标准和安全生产实用知识，旨在能直接指导技术标准化和安全生产相关工作，并提升工作效率。

标准化管理是企业管理的重要基础工作，安全生产是电力企业的生命线，本书从标准化基础的角度出发，由南方电网公司总工程师汪际峰统稿，根据南方电网公司的需求和特点，总结和应用了企业标准化基本概念、实践经验、工作程序和方法，系统介绍了电力行业和南方电网公司标准化组织机构、职责、制度、技术标准体系建设和标准制修订全过程管理及标准信息化工具使用技巧。本书凡是注日期的引用文件，仅注日期的版本适用于本书。凡是不注明日期的引用文件，其最新版本（包括所有的修改单）适用本书。

本书共有六章，第一章主要介绍安全生产概述，由宋禹飞、王科鹏、林晓璇、李茂编写，钟连宏、张衡审核；第二章主要介绍南方电网公司安全生产方针、理念和体系等，由王科鹏、孙国银编写，杨泽明、张衡审核；第三章主要介绍南方电网公司标准化工作概况等，由宋禹飞、李茂编写，刘育权、王昕审核；第四章主要介绍南方电网公司安全生产与标准化的关系，由宋禹飞、孙国银编写，刘育权、张衡、张昆审核；第五章主要介绍南方电网公司面向安全生产的标准化行动方案，由郑伟钦、赵山编写，李正红、雷一勇、孙晓敏审核；第六章主要介绍南方电网公司面向安全生产的标准化在技术创新、数字化转型，以及在基建、市场营销及供应链业务的实践，由李晓、孙文星、王彤编写，喇元、王宏、李端姣、成国雄审核。

特别说明的是，标准化工作是一项政策性、专业性很强的工作，书中内容与上级机关发布的最新文件不一致时，请以最新文件为准。

本书编写过程中，参考和引用了国内外有关文献，引用了南方电网公司有关成果，得到了国家有关部委以及行业协会的大力支持和帮助，在此表示衷心的感谢！鉴于作者知识水平和实践经验有限，书中难免有疏漏和不足之处，欢迎广大读者批评指正。

编　者

2022 年 1 月

目　录

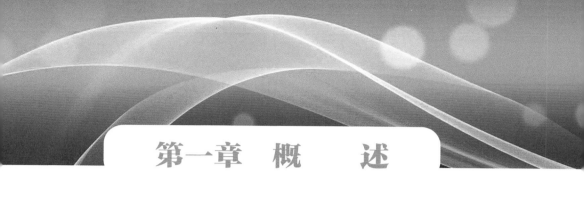

第一章 概　述

第一节　电网安全生产概述

一、安全生产概述

（一）生产要素概述

1. 生产的基本含义

"生"字，甲骨文字形，上面是初生的草木，下面是地面或土壤。本义是草木从土里生长出来，滋长。"产"字，始见于战国金文，本义是出生、生育。

《说文解字》中的释义："生，进也。象草木生出土上。""产，生也。从生，彦省声。"认为"产"字以"生"作形旁，"彦"字省去"彡"为声旁，也有"生育"之义。

"生""产"二字在个别历史时期的字形如图 1-1 所示。

在现代语言中，"生产"指人类从事创造社会财富的活动和过程。《经济学》中的"生产"是指将投入转化为产出的活动，或是将生产要素进行组合以制造产品的活动。

2. 生产的基本内容

（1）生产要素。生产要素是指进行社会生产经营活动时所需要的各种社会资源，是维系国民经济运行及市场主体在生产经营过程中所必须具备的基本因素，包括人的要素、物的要素及其结合因素。

图 1-1 "生""产"二字在个别历史时期的字形

（2）生产力。生产力是指人类创造新财富的能力，即生产系统的功能。生产力的三要素分别为生产者、生产对象和生产资料。

生产者是对从事生产活动一类人的统称，是主导因素，也是生产力中最活跃的因素。

生产对象是生产者把自己的劳动加在其上，使之变为具备使用价值以满足社会需要的那一部分物质资料。

生产资料也称作生产手段，是生产者进行生产时所需要使用的资源或工具，是生产者和生产对象之间的媒介。其中，生产工具是生产力水平的重要标志，生产工具的变化体现了技术进步的快慢。

（3）生产关系。生产关系是指一定历史发展形态的生产方式以及与之相适应的社会生产关系和人们之间的交往关系。生产关系是生产方式的社会形式，包括生产资料所有制形式、人们在生产中的地位及其相互关系和产品分配方式三项内容。其中，生产资料所有制形式是最基本的内容，起决定性作用。

3. 生产的基本目的

马克思讲过："没有生产，就没有消费；但是，没有消费，也就没有生产，因为如果没有消费，生产就没有目的。没有需要，就没有生产。"

生产的基本目的是满足人类物质文化生活的需要，即满足人类生存、生活、发展的需要。

4. 生产的基本分类

随着社会分工和生产力的不断发展，人类的生产活动产生了"产业"的概念，产业是指由利益相互联系的、具有不同分工的、由各个相关行业所组成的业态总称。

在中国，产业划分为三大类，即第一、第二、第三产业。具体产业层次、基本业态和基本属性见表1-1。

表1-1 产 业 层 次 分 类 表

产业层次	基本业态	产业基本属性
第一产业	农业，包括农、林、牧、渔各业	直接获取自然资源
第二产业	工业，包括采掘、制造、自来水、电力、蒸汽、热水、煤气和建筑各业	对获取的自然资源进行加工和再加工
第三产业第1层次	流通产业，包括交通运输、邮电通信、商业、饮食、物资供销和仓储等	流通所有产业有形和无形的产品
第三产业第2层次	简单服务业和技术服务业，包括金融、保险、地质普查、房地产、公用事业、居民服务、旅游、咨询信息服务和各类技术服务等	直接利用自然资源、工业产品、智慧产品，结合利用人自身的生物和物理资源（包括人体、体力和技能）提供服务，满足人（或者人的生物财产，如宠物）自身的生理、物理、心理等需要
第三产业第3层次	智慧服务业，包括教育、文化、广播、电视、科学研究、卫生、体育和社会福利等	直接获取和利用人自身的智慧资源，满足人或机构在知识、文化、技术等方面的需要
第三产业第4层次	公共行政与其他公共事业，包括国家机关、政党机关、社会团体以及军队和警察等	特殊

简单来说，第一产业获取自然资源，第二产业加工自然资源（以及对加工产品进行再加工），第三产业的第1层次流通所有资源和产品，第三产业的第2层次利用所有资源和产品，第三产业的第3层次获取和加工人的心智资源，第三产业的第4层次为其他五大产业及社会生活提供公共服务。

（二）安全要素概述

1. 安全的基本含义

"安"字，甲骨文字形，由三个象形的独体组成：外面的半包围结构是房子的侧视图，中间是一个面向东方而双手敛在腹前而端坐的妇女的形象，右下角是"止（脚的象形）"，表示从室外走到室内之意。整个字是一个妇女从室外走进房内坐了下来，表示"安"字指的是"女坐室内"。"全"字，始见于战国文字，本义与玉有关，指完好的、纯粹的玉。

《说文解字》中的释义："安，静也。"由此引申出静止、舒适、稳妥、没有危险等含义。"全，纯玉也。全，完也。"引申为完好无缺、完备、齐全、保全和纯一、纯粹。

"安""全"二字在个别历史时期的字形如图 1-2 所示。

图 1-2 "安""全"二字在个别历史时期的字形

GB/T 28001—2001《职业健康安全管理体系规范》对"安全"给出的定义："免除了不可接受的损害风险的状态"。

国际民航组织对安全的定义：安全是一种状态，即通过持续的危险识别和风险管理过程，将人员伤害或财产损失的风险降低并保持在可接受的水平或其以下。

2. 安全的基本内容

安全的基本内容包括风险管理和应急管理。

（1）风险管理。风险管理是指在一个肯定有风险的环境里把风险可能造成的不良影响减至最低的管理过程。通俗来讲，风险管理就是事先预想、分析什么因素或情况可能造成伤害或损失，采取措施控制这些因素或情况，防止出现不希望的伤害和损失，或者将伤害和损失降至最低。

（2）应急管理。应急管理是对包括自然灾害等事故的全过程管理，贯穿于事故发生前、中、后的各个过程，包括预防、准备、响应和恢复四个阶段。

3. 安全的基本目的

《安全生产法》的第一条，开宗明义地确立了通过加强安全生产监督管理，防止和减少生产安全事故，实现如下基本的三大目标，即保障人民生命安全，保护国家财产安全，促进社会经济发展。由此确定了安全所具有保护生命、保障财产和促进经济的基本目的。

4. 安全的基本分类

依据国家安全体系（见图1-3），安全可分为12个基本类型，分别为：政治安全、国土安全、军事安全、经济安全、文化安全、社会安全、科技安全、信息安全、生态安全、资源安全、核安全、生物安全。

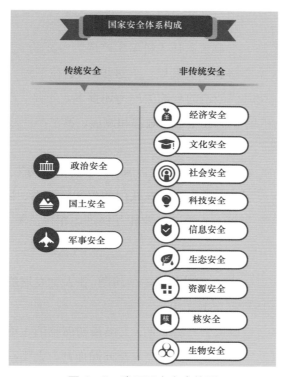

图1-3 我国国家安全体系

（三）生产与安全的历史

1. 生产的历史

生产经历了原始社会生产、古代社会生产、近代工业生产、现代社会生产四个历史阶段。

（1）原始社会生产。原始社会，文明还未产生，氏族部落逐水草而居，渔猎和采集是人类主要的生产活动。人的生存主要靠天然的赋予，社会生产力主要表现为自然生产力。

（2）古代社会生产。文明产生于大河流域，有了农业、畜牧业、手工业的社会大分工，金属冶炼技术开始出现，新的生产工具开始使用，生产力得到了发展。除了自然力，造就古代文明的生产力的主要因素是人的体力，特别是集合的人力——大规模役使奴隶。自然生产力和人的体力是当时掌握发达生产力的关键。这个阶段，社会生产主要是以第一产业为主。

（3）近代工业生产。工业革命让大机器生产成为主要的生产方式技术的进步，其在生产上的应用使生产得到了大发展、大进步，"它在不到一百年的时间里创造的生产力，比过去一切时代创造的全部生产力还要多，还要大"。这一阶段，采矿、纺织、加工、钢铁及机器等制造业迅速崛起和发展，第二产业成为社会生产的主要产业。

（4）现代社会生产。20世纪50年代以来，科学技术推动生产力发展日新月异，第一、第二产业飞快发展，也催生了五花八门的生产新业态。物流、服务、文娱等各行各业的第三产业，与第一、第二产业相互促进、相得益彰。

2. 安全的历史

人类自诞生以来就不停地面对各类安全问题，在人类发展的四个阶段所面临的不同的安全问题便形成了安全的历史。

（1）原始社会的安全。原始社会时期，人类最初面临的主要安全问题是野兽袭击、自然灾害、部落之间的争斗，在这些安全问题面前，人类获取安全的主要方式是被动防卫或躲避。当生物资源遭到破坏时，人类不得不迁往他地以谋生存。

（2）古代农业社会的安全。古代农业社会时期，农业、畜牧业、手工业得到发展，但仍依赖于自然条件，自然灾害仍是人类需面对的主要安全问题。而金属冶炼技术的出现，在代替体力劳作和提升生产效率的同时，也给人们带来了工具伤害的安全问题，尤其是冶炼术在战争兵器上的应用使人们面临更大的战争杀戮安全问题。在这一时期，人们获取安全的方式更多的是自我保护，而自我保护的水平很大程度上依赖于自身的安全生存能力。

（3）近代工业社会的安全。18世纪中叶，大型动力机械和能源使生产效率空前提高，但也带来了机器致死、致伤、致残等事故。资本家的榨取使得劳动者在极其恶劣的作业环境中每天劳动超过 10 小时，安全和健康时刻受到机器的威胁。

第二次工业革命科学技术也给人类带来了前所未有的战争威胁和创伤。世界大战中，各种新式武器如飞机、毒气、坦克、重炮、航空技术、原子能的投入，给人类带来了沉重灾难。

（4）现代社会的安全。20 世纪 50 年代以来，高技术、新设备、新材料的应用带来了种类更多、破坏力更大的安全问题，使人类的生命和财产遭到巨大损失。1986年 4 月 26 日苏联统治下乌克兰境内发生的切尔诺贝利事件是人类历史上最严重的核事故。COVID－19 新型冠状病毒至 2021 年底，已造成全球确诊新冠肺炎病例超2.86 亿人，死亡超 543 万人。

（四）生产与安全的特征

1. 生产的特征

通过生产的历史，可以总结出生产有以下这些特征：

（1）生产随着人类的发展而发展。人类越发展，生产就越具备发展的条件，生产发展得好，也让人类有了进一步发展的物质基础。二者相互促进、相辅相成，形成一个互相助力、交替上升的历程。

（2）生产力决定生产关系。生产力决定生产关系，生产力是生产关系形成的前提和基础。生产关系对生产力有重大的反作用，当生产关系与生产力的发展要求相适应时，它会有力地推动生产力的发展；当生产关系与生产力的发展要求不相适应时，它会阻碍甚至破坏生产力的发展。

（3）生产工具是生产力水平的重要标志，科技是第一生产力。制造和使用生产工具是人区别于其他动物的标志。从原始社会的自然力，到古代社会人的体力，到近代社会的机器大生产，再到现代社会的科学技术融合，生产工具越来越复杂化、精良化、科技化，也越来越大程度地推动社会生产力发展，成为生产力水平的重要标志。在现代社会，科学技术是第一生产力，象征着生产力达到了前所未有的发展水平。

（4）生产分工越来越细，专业化程度越来越高，专业合作越来越密切，产业链越来越多、越来越长。产业链是指产业部门（或企业）间基于技术经济联系，而表现出的环环相扣的关联关系,是对产业间分工合作、互补互动、协调运行、上下游关联的形象描述。随着人类需求的发展和生产专业分工的日益细化,产业链越来越长、越来越大。在工业品和中间品领域,目前中国已经拥有 41 个工业大类、207 个工业中类、666 个工业小类,形成了独立完整的现代工业体系,是当今世界上唯一拥有联合国产业分类当中全部工业门类的国家,也是公认产业链最完整的国家。

（5）生产发展解放更多生产者,生产方式不断升级满足人们更高需求。生产力的发展让生产工具或方式成为生产者手、脚、脑功能的替代品、延伸棒和增益器,既提高了生产效率,也将生产者从体力或者脑力劳作中解放出来,使其有了更多的时间和精力去享受和追求更高水平的生活和生产。生产方式的不断升级,也更好地满足了人们日益增长的物质文化需求。

2. 安全的特征

（1）安全是人的本能。安全是人类的本能欲望,这源自人类的求生本能,人类会本能地逃避危险、躲避不适、保护自身生命安全。从马斯洛需求层次理论（如图 1-4 所示）也可看到,安全是人最基本的需求的之一,是与生俱来的。

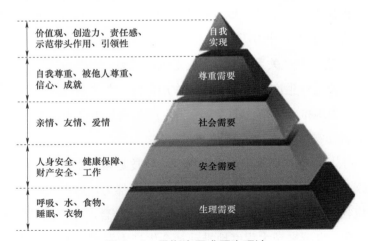

图 1-4 马斯洛需求层次理论

（2）安全内容随人类生产生活方式变化而变化。由于社会的进步,人类生活方式愈趋复杂,可能危害身体生命安全的情况也随之增加。安全的内容不是固有的、一成不变的,而是随着人类的生产生活方式而不断发展变化、与时俱进的。

从安全的历史可以看出,人类社会历史某一阶段所面临的主要安全问题到了下一个阶段就被逐步化解或减弱，但下一个阶段又会产生新的更大的主要安全问题，继而又在其后一个阶段得到化解或减弱，依次递进发展变化。

（3）安全与科技发展密切相关。一方面，科技为人类控制风险、抵御危害、获取安全创造了良好的环境和技术条件，以微电子、信息、生物、航天、新能源、新材料等为代表的一大批高新技术的蓬勃兴起，给人类安全带来越来越多福音。例如量子通信、5G、柔性直流、人工合成胰岛素、克隆技术和干细胞研究的突破，为攻克各种疑难杂症树立了信心。科技已成为当今人类维护自身、集体乃至国家安全所不可缺少的重要手段。

另一方面，科学技术也产生了威胁人类安全与健康的安全问题，非传统安全问题日益突出，如网络安全、金融安全、信息安全、生物安全等。例如高科技犯罪、黑客问题、核扩散问题被广大国家上升到国家安全的高度来看待。

（4）随着社会发展和科技进步，安全管理与生产更加密切，并成为生产的前提和基础。随着科学技术的发展，生产规模的不断扩大，生产工具逐渐被机械代替，生产事故和人员伤亡事故随之增加，迫使人们采取专门的安全技术措施。安全管理逐步成为伴随生产不容忽视的重要焦点，成为生产的前提和基础。

（5）安全技术要求越来越高，自身技术含量也越来越高。社会化大生产，科技水平越来越高，生产力越来越发达，探索研究与生产水平相匹配的安全科学及技术，用高技术含量的安全措施保障高水平的生产工作，才有可能不断提高安全生产水平，尽可能减少事故伤害和职业危害。

（五）安全与生产的辩证关系

人类自诞生以来，就离不开生产和安全这两大基本需求。安全与生产存在着相互依存、相互促进的辩证关系。

生产是中心，是根本，是目的。没有生产，安全无从谈起，脱离生产的安全就成了无源之水、无本之木。如果不生产，安全就失去了存在的意义。

安全是前提，是基础，是条件。没有安全，生产难以进行。人是生产的第一要素，如果没有人，就谈不上生产。因此如果不能确保人身安全，那也就无法保障顺利、有效的生产。安全随着生产的出现而产生，随着生产的发展而发展，也促进生产的发展。生产的发展给安全提出了更高的要求，科技的进步为安全提供了先进的技术，而安全管理则保证了生产者的安全与健康，以促进生产率的提升、经济的稳定发展，社会将经济效益投资于更高水平的安全管理当中，从而又进一步增强生产能力，不断地促进生产在安全状态下的不断发展。

正确认识安全与生产的辩证关系很重要，既不能打着发展的幌子以牺牲安全为代价搞生产，也不能脱离生产而空谈安全。

二、现代安全生产的特征

（一）安全生产的基本含义

安全生产是指在生产经营活动中，为了避免造成人员伤害和财产损失的事故而采取相应的事故预防和控制措施，使生产过程在符合规定的条件下进行，以保证相关从业人员的人身安全与健康，设备和设施免受损坏，环境免遭破坏，保证生产经营活动得以顺利进行的相关活动。

（二）安全生产的相关理论

1. 冰山理论（如图 1-5 所示）

冰山理论在安全管理中有以下两方面的应用。

一方面，事故、风险、隐患的存在与发展符合冰山理论。造成死亡事故与严重伤害、未遂事件、不安全行为形成一个像冰山一样的三角形，一个暴露出来的严重事故必定有成千上万的不安全行为掩藏其后，就像浮在水面的冰山只是冰山整体的一小部分，而冰山隐藏在水下看不见的部分，却庞大得多。冰山理论告诉人们：暴露在水上的风险只是冰山一角，而那些藏在水下的隐患才是真正的炸弹。

另一方面，人们对安全生产事故的认识及为其付出的代价也符合冰山理论。人们往往只关注事故或事件的表面，未探究导致事故的根源。要从根源上解决问题，不能只关注事故本身。事故经济损失大部分是由人的不安全行为和物的不安全状态造成的暗损失，而不是某起事故本身造成的明损失。

图 1-5 安全的冰山理论

图中文字：

死亡
损工伤害
医务处理事故
急救事故

事故的直接经济损失——
对伤亡者的治疗和赔偿；
对损坏设备的修复

不安全行为
不安全状态

事故的间接经济损失——
应急的费用；
事故调查的花费；
替换伤亡者的花费/加班；
停产的损失；
保险费用的增加；
清理现场的费用；
员工士气低落导致效率低下；
政府的罚款和更多的政府事务
成本……

2. 海因里希事故因果连锁论（如图 1-6 所示）

海因里希事故因果连锁论，也称多米诺骨牌理论。该理论认为，事故的发生不是一个孤立的事件，尽管伤害可能在某瞬间突然发生，却是一连串的事件按一定因果关系依次发生的结果。

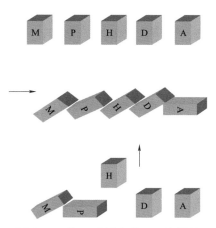

图 1-6 海因里希事故因果连锁论

这个连锁过程包括五个因素：遗传及社会环境（M）、人的缺点（P）、人的不安全行为和物的不安全状态（H）、事故（D）、伤害（A）。在这个过程中，如果一个要素骨牌被碰倒了，则将发生连锁反应，其余的几个骨牌相继被碰倒。如果移去连锁中的一个骨牌，则连锁被破坏，事故过程被中止。

3. 能量意外释放理论（如图1-7所示）

任何工业生产过程都是能量的转化或做功的过程。能量意外释放理论认为，工业事故及其造成的伤害或损坏，通常都是生产过程中失去控制的能量转化或在能量做功的过程中发生的。

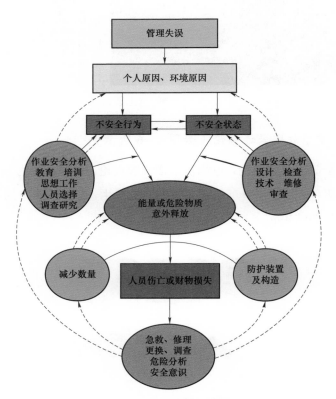

图1-7　能量意外释放理论

能量意外释放理论从事故发生的物理本质出发，阐述了事故的连锁过程：由于管理失误引发的人的不安全行为和物的不安全状态及其相互作用，使不正常的或不希望的危险物质和能量释放，并转移于人体、设施，造成人员伤亡或财产损失，事故可以通过减少能量和加强屏蔽来预防。

（三）现代安全生产的特征

1. 生产力极大发展

现代以高科技为中心的科学技术革命，形成了机械化、自动化、智能化等科技密集型的新型生产力。例如交通工具速度更快、功率更大，从马车到汽车、高铁、飞机、航天火箭，从轮船再到航母、深海探测器、南极破冰船。

2. 生产关系充分发展

社会化、网络化、数字化使生产关系趋向复杂化，产品设计、制造、安装可由不同企业完成，上下游企业密切相联，产业链丰富而庞大。

3. 安全问题影响深远

现代高科技生产伴随着巨大能量，一旦发生意外和事故，其释放出能量的威慑力和破坏力将严重地伤害人类安全和健康，给社会造成经济损失、舆论、环境破坏等深远影响，如工厂爆炸、高铁脱轨、大停电、核泄漏等。

4. 安全全方位覆盖生产，风险管控全面提升

现代社会，安全生产有科学性、系统性的知识、策略、行为准则与规范，以及有效防范事故的安全工程和技术，形成了一套专业的安全管理体系并且超前、深度地融入生产。从设计到实施、从各工种到各产业、从内部到外部环境，安全管理对生产实现全过程、全专业、全方位覆盖。

三、电网安全生产概述

（一）电力安全生产的特点

1. 同时性

电力系统由发电、输电、变电、配电、用电五个环节组成，并且这五个环节同时进行、同时完成，如图1-8所示。

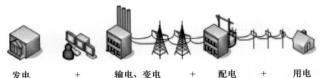

发电 ＋ 输电、变电 ＋ 配电 ＋ 用电

图 1-8 电力"发、输、变、配、用"五大环节同时性示意图

2. 系统性

电力系统呈葡萄架架构（如图 1-9 所示），局部服从整体，局部保证整体，系统安全问题会引起大面积停电。发电、输电、变电、配电、用电五个环节组成必须有机衔接、协调控制。电力系统地域分布广，属于互联大系统。

就南方电网而言，其覆盖五省区，并与中国香港、澳门地区以及东南亚国家的电网相联，供电面积 100 万平方千米。截至 2019 年年底，全网总装机容量为 3.2 亿千瓦，110 千伏及以上变电容量为 9.4 亿千伏安，输电线路总长度为 23.2 万千米，供电人口 2.54 亿人，供电用户 9270 万户。2019 年南网统调最高负荷为 1.87 亿千瓦，五省区全社会用电量为 12 433 亿千瓦时。

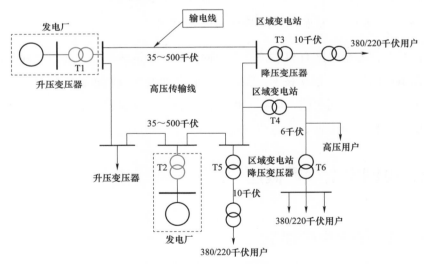

图 1-9 电力系统示意图

3. 电能难以大量存储

电力系统大多为交流电，要储存到蓄电池中需转为直流电。蓄电池效率低，损

失电荷多，使用寿命短。电力系统复杂，储能维护成本高。受限于当今电能存储的技术与经济因素，电能还是难以大规模存储。

目前常用电能存储方式是将富余电能转化为其他形式能量，在需要时再转化为电能。其中，抽水蓄能电站是最大的电能"仓库"，但抽水蓄能电站的装机容量也就几百万千瓦，对于全网上亿的负荷总量而言，还是相差甚远。

4. 自动化程度高

跨区域性大电网交直流混联，远距离、大容量、超高压输电，安全稳定特性复杂，驾驭难度大；计算精密度高、开关设备动作快速，控制要求高；电能传输快，机、电、磁相互关联，分析复杂。总而言之，电力系统及其生产过程的科技含量和自动化程度很高。

从整个电网来看，自动化主要包括四个方面。

（1）电力系统分析：正常运行状态远程监测、分析、计算，故障状态分析、计算、判断。

（2）电力系统稳定控制：在扰动后能否继续稳定运行、发生故障后的自愈技术应用。

（3）电气设备及其控制：电气一、二次接线，电气设备及其控制。

（4）大电网技术：设备、局部电网、信息互联后的运行。

从电力系统各个环节来看，自动化包括发电自动化和电网自动化两大部分。发电自动化包括火电厂自动化、水电站自动化、新能源电站自动化等，电网自动化包括变电站自动化、配用电自动化以及调度自动化。

5. 资金、技术、人才密集

南方电网东西跨度近 2000 千米，网内拥有水、煤、核、抽水蓄能、油、气、风力等多种电源，掌握了超（特）高压直流输电、柔性直流输电、大电网安全稳定运行与控制、电网节能经济运行、大容量储能、超导等系列核心技术。整个电力生产呈现出资金、技术、人才密集的特点。主要总结为以下几点：

（1）电气设备繁多且昂贵。变压器、发电机、海底电缆、直流系统等主设备和系统构造复杂、价格高、数量多。

（2）涉及技术领域众多且复杂。从发电厂机炉电技术，到输配电领域电气、金属、材料、化学等多个领域，再到电力传输技术、计算机技术、通信技术等多方面技术的综合应用。

（3）人才密集，且对人才的技术技能水平要求高。电力生产是技术密集型工作，需要一批懂现代化技术、能驾驭先进设备的专业人才，并且电力网络的辐射辽阔、服务对象庞大，发、输、变、配电等各个环节都需要有足够生产运行实战经验的人员力量予以支撑，因此电力生产也是人才密集型、人员充盈型的生产活动。

6. 危害因素多、风险高，安全责任重大

电能本身的特性，以及电力系统的复杂性、设备的多样性、涉及材料领域的多面性、生产人员的密集性、供电服务的特殊性都决定了电力生产活动的危害因素多、风险高，安全责任重大。主要表现为以下三点。

（1）人身风险高。电能本身就是最直接的危害因素，输配电压等级高；易燃、易爆和有毒物品多，如充油电气设备、SF_6 设备；高速旋转机械多，如发电机、风机、电动机；特种作业多，如高处作业、焊接作业、起重作业等等，都表明电力生产的劳动条件和环境相当复杂，极具潜在的危险性，触电、物体打击、高空坠落、中毒等风险，都对职工的生命安全和职业健康构成威胁。

（2）电网安全事故影响大。现在社会正常运作基本离不开电力，一旦发生电网安全事故，将导致巨大不良影响。2012 年的印度大停电造成全国一半的地区电力供应中断、万人滞留车站、6.7 亿人陷入黑暗、基础服务和公共交通一片混乱。2013 年美国东北部发生了北美历史上最严重的大停电，5000 万人的工作和生活受到影响，造成的经济损失每天达 250 亿～300 亿美元。

（3）外部危害因素多。电力系统的辐射范围广，面临着很多外部环境的影响和危害因素的威胁。高空抛物破坏室外架空线路和设备，野蛮施工破坏埋地电缆，雷电风雨、冰雪冰雹造成线路故障和设备缺陷等，电力系统风险示意图如图 1-10 所示。2008 年 50 年一遇的雪灾造成了我国湖南地区电网遭遇巨大破坏，影响了 450 万人两个星期的正常生活，11 名电力工作者在抢修过程中殉职，给社会造成了沉痛的伤害。

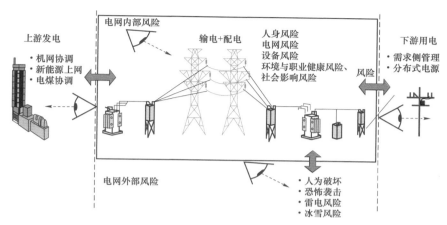

图 1-10 电力系统风险示意图

（二）电网安全生产的基本要求

1. 电力安全生产的现状

（1）安全生产局面保持总体稳定，但事故违章仍时有发生。南方电网公司自成立以来，安全生产管理基础不断夯实，安全风险预控体系和闭环管控方法得到有效推广应用，员工安全责任意识和风险意识得到加强，事故总量、设备和电力安全事故、较大及以上人身安全事故得到有效控制，2009 年以来人身事故呈整体下降趋势，安全生产局面总体稳定。但是 2019 年人身安全事故出现反弹，人为责任事件和违章作业也屡见不鲜。南方电网公司近十年人身安全事故趋势图如图 1-11 所示。

（2）事故分布呈现明显的地域性和业务性。在地域上，2019 年发生的 6 起事故中，云南、广东占比较高，且事故全部发生在比较偏远的县级单位。

在业务上，发生在配电网的事故占 83%，涵盖故障抢修、树木清障、保护调整、线路新建等。近 5 年配电网资产接近翻倍，运维、抢修人员没有增加，配电网生产点多、面广、业务杂，工作紧张，生产任务负担重、客户服务压力大，配电网安全管理薄弱。

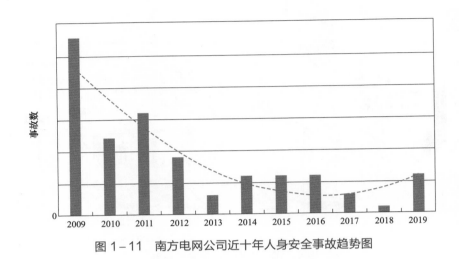

图1-11 南方电网公司近十年人身安全事故趋势图

（3）人的因素是影响电力安全生产的关键。人的因素是影响电力安全生产的关键，一方面是人的技术技能水平，另一方面是人的主观安全认知和意识。

2019年的人身事故中，人员技能不足、工器具使用不正确、作业方法不正确等问题突出。暴露出作业人员的技能培训、安全保命培训教育不够，选择性执行规章制度，打折扣执行安全措施，安全意识不强，现场辨识风险不到位，自我风险管控能力不足等问题。

（4）管理失误是造成事故的重要原因。一方面是生产人员自身的工作管理失误。生产一线工作安排随意、不合理、不科学、无计划，临时性工作多，未控制好工作节奏，擅自扩大工作范围，削弱甚至忽略了生产作业前的风险评估与管控，增加了事故发生的风险。

另一方面是管理人员的安全监管失误。管理人员责任心不强、能力不足，安全管控力度不够。安全责任落实不彻底，基层单位安全生产基础比较薄弱，专业管理延伸不足。安监部门责任心不强，安全监管方法创新不足，对基层情况不了解不掌握，安全监管流于表面。

2. 电力安全生产的基本要求

电力生产关乎人们的正常生产生活、社会和谐发展、国家繁荣稳定，因此，高质量保证电力安全生产尤为重要。必须始终从讲政治的高度不断强化新时代电网企业的安全使命与责任担当，以"四高"的标准作为电力安全生产的基本要求。

（1）安全风险管理要求高。

1）持续完善安全生产风险管理体系。坚持将以"基于风险、系统化、规范化、持续改进"为核心思想的安全生产风险管理体系深度融入日常业务，以系统化的思维全面分析生产过程中所涉及的人身、设备、电网等相关风险及其控制措施，以规范化的工作方法有效地控制风险，避免事故发生和财产损失，并且及时、定期做好回顾、总结和改进，闭环管控，持续提升，建立安全生产长效机制。

2）建立健全安全生产责任体系。安全工作千头万绪，抓好责任落实是关键。因此，首先要建立覆盖全面、权责明晰的全员安全生产责任体系，按照"谁主管谁负责"及"管业务必须管安全"原则，各项工作安全责任都确定到具体人员身上，确保责任链条无缝衔接，全员明责知责尽责担责，形成"大安全"格局。其次要健全安监组织，完善检查工作体系，优化考核问责机制，以"责任""检查"和"奖惩"三者倒逼和鼓励全员安全生产责任的扎实落地。

（2）应急管理要求高。自然灾害风险时刻要求电力系统具备强大的防御能力，因此在电力生产过程中，需建立并优化防灾减灾救灾运转处置机制和应急管理体系，提升灾害预测水平，建立预警机制，以"聚焦实战、平战结合、以战促平"的模式组建应急有素的应急队伍，配备充足合适的应急装备与材料，制定全面的、切合实际的应急预案和演练体系，强化应急演练和实战模拟，增强灾害救援能力，全面做好"灾前防、灾中守、灾后抢"各环节工作，提升应急处置水平。

（3）标准化程度要求高。无规矩，不成方圆。电力生产过程是一个非常复杂的系统工程，如果没有规矩、规范、标准，那么将无法正常生产与运作。所谓"书同文，车同轨"，标准化就是电力生产工作中统一的"文"和"轨"，只有高标准才有高质量，才能保障电力系统的安全稳定可靠运行。

（4）人员素质要求高。电网企业是技术和人才密集型企业，对技术人才队伍的建设和管理，也要力求国际化、高标准、精益化。在新形势、新电网的大环境下，控制好电网风险、设备风险、人身风险、网络安全风险、涉电公共安全风险，对人员素质的要求越来越高。

1）夯实基层基础基本技能。基层基础基本技能建设是提升安全生产能力的基础中的基础，要从体制机制、组织机构、人员配备、专业培训、考核激励等方面，全方位加强基层供电所和一线班组管理，确保基层班站所牢牢守住安全生产、用电服务这个中心工作，让安全生产回归本质。

2）改革创新，科技兴安。5G+智能电网建设，重大装备技术攻关及国产化替代，智能变电、输电、配电，配电网光纤通信等都需要一支懂技术、能驾驭的高素质人才队伍支撑。无论在主营业务生产领域，还是安全监督领域，都应该探索与之相匹配的创新、高科技含量的管理手段，培养创新型和技术型人才，推进科技兴安。

3）打造本质安全型企业。"本质"之"本"即"根本"，是自有、固有的，不是外界赋予的；"本质"之"质"即"特质、特性、特有"。"本质"即"固有的、根本的特质"，是存在于事物之中存在的永久的不可分割的要素、质量或属性。本质安全是从根源上消除或减小生产过程中的危险。

"本质安全型企业"是通过建立科学系统、主动超前的安全生产管理体系和事故事件预防机制，从源头上防控安全风险，从根本上消除事故隐患，使人、物、环境、管理各要素具有从根本上预防和抵御事故的内在能力和内生功能，实现各要素安全可靠、和谐统一。

生产安全是我们进行安全生产的出发点和落脚点，本质安全是安全生产的最高境界，是我们为之不懈奋斗的目标。

第二节　标准和标准化概述

一、标准的历史

在人类发展的历史长河中，我们往往认为语言是与人类相关的最早标准化形式。因为，语言具有鲜明的标准化特点，其交流的有效性取决于统一性，没有一致的发音关系及其含意，是不能用于交流的，是不可能在人群中广泛传播的，更不可能一代接一代地传承。在语言基础上，后来人类又创造了记号、符号和象形文字，最后发展成一定范围（氏族、民族、地区或国家等）内通用的文字。远古时代，这种无意识的标准化，虽然完全是人类为了在恶劣的自然环境中生存而自然发生的，但它的确是人类在标准化方面的一个开端。

原始社会后期，人类开始有意识地制定标准，因为在这一时期，随着金属的使用，劳动生产率进一步提高，出现了直接以交换为目的的商品，导致人们开始为经济利益而"斤斤计较"，这样便出现了最早的计量器具——度、量、衡。

18 世纪中叶，伴随着工业革命的产生和发展，工业生产的面貌发生了极为根本的变化。随着分工越来越精细，工序越来越复杂，协作越来越广泛，标准的作用范围也迅速扩大。各种类型的标准在很短的时间内，就由企业扩大到协会，随后又扩大到国家和国际。

20 世纪 60 年代，随着新技术革命的深入发展，电子计算机应用普及，社会生产力再一次发生巨大飞跃，标准化随之进入现代标准化阶段。现代化企业中，生产过程日益呈现专业化、综合化的特点，需要不同行业、众多的企业、多个学科门类共同参与，标准化朝着更为系统的方向发展。

对标准化发展历史进行回顾，可以发现，标准化是人类社会实践的产物，它既受生产力水平的制约，又为生产力的发展创造条件、开辟道路。历史证明，随着社会发展水平的不断提高，标准化将在人类生产力发展进程中，起着越来越重要的作用。

二、标准和标准化的基本概念

2004 年国际标准化组织（ISO）和国际电工委员会（IEC）发布的 ISO/IEC 第 2 号指南《标准化和相关活动的通用词汇》中对"标准"和"标准化"的定义如下。

1. 标准的定义

为了在一定范围内获得最佳秩序，经协商一致确立并由公认机构批准，为活动或结果提供规则、指南和特性，供共同使用和重复使用的文件称为标准。

标准宜以科学、技术和经验的综合成果为基础，以促进最佳的共同效益为目的。

2. 标准化的定义

为了在一定范围内获得最佳秩序，对现实问题或潜在问题确立共同使用和重复使用的条款的活动称为标准化。

上述活动主要包括编制、发布和实施标准的过程。

标准化的主要效益在于为了产品、过程或服务的预期目的改进它们的适用性，防止贸易壁垒，并促进技术合作。

三、标准的基本特征

1. 统一性

ISO/IEC 认为，标准是为了"共同使用和重复使用的文件"。从而说明，标准的推行将会形成规模化和统一化。这正是企业采用标准最直接的目的和意义。例如南方电网公司 2019 年编制的《35kV～500kV 交流输电线路装备技术导则》，就对输电线路的路径选择、防雷水平、对地距离、绝缘配合等参数进行统一规定，为南方电网公司交流输电线路新建、改建工程的装备选型提供统一指导意见。提高了生产效率，避免了因选型不匹配造成生产成本的增加。

2. 系统性

标准不是孤立存在的，互相关联的若干标准形成了一个系统，标准系统中的标准之间都有一定的互补关系，不同的标准存在于不同的环节和不同的层次。例如，在制造变压器时，机械加工工艺标准、夹具标准和工厂工人的操作规程往往处于同一个零件加工环节。这说明，随着产品生产过程的高度综合化，各个标准之间互相补充、相互加强，共同构成企业、行业乃至国家的标准生态体系。

3. 知识性

标准还可以认为是不同领域的知识，标准的一个基本功能是把现实世界的知识归纳起来备用。所以，标准又被认为是知识的载体。有价值和生命力的标准不但承载了能够解决工程问题的技术知识，而且蕴含了过往行业中的最佳实践经验。标准的制定、落实和传递过程，实际上是标准发挥知识的构建、拷贝、传播、扩散的功能。所以，学习标准的过程也是积累工程实际经验、学习问题解决办法的过程。

四、国际标准的发展

（一）国际标准的历史

现代意义上的国际标准化起源于机器化生产，国际标准化三大组织：国际标准化组织（International Standard Organization，ISO）、国际电工委员会（International Electrotechnical Commission，IEC）、国际电信联盟（International Telecommunication Union，ITU）均在此期间萌芽并发展成立。

1865 年，法、德、俄、意、奥等 20 个欧洲国家的代表在巴黎签订了《国际电报公约》。1932 年，为适应无线电业务发展的要求，70 国国家代表在西班牙马德里召开会议，将《国际无线电报公约》与《国际电报公约》合并，制定《国际电信公约》，并决定自 1934 年 1 月 1 日起正式改称为"国际电信联盟"（ITU），国际电信联盟的成立解决了国际无线电频率分配问题，制定了全球无线电标准，极大促进了全球电信业的发展。

1926 年，大多数西欧和北美的国家已经成立了国家标准化机构，因为国际标准化的巨大需求，这些国家标准化机构创立了 ISO 的前身——国家标准化协会国际联合会（ISA）。但因为公制（世界大部分国家采用的计量方式，以米、千克为基本单位）和英制（英联邦国家采用的计量方式，以码、磅为基本单位）国家的分裂，在 20 世纪 40 年代 ISA 就停止了工作。第二次世界大战的爆发导致对国际标准化的需求更加迫切，为了解决战争期间武器适配性问题，1944 年成立了联合国标准协调委员会（UNSCC），但随着第二次世界大战的终结，UNSCC 也逐渐失去了作用。1946 年，世界各地的工程师们终于决定把 IEC 和 ISA 合并在一起，建立一个新的组织——国际标准化组织（ISO），并从一开始就赋予其发布建议性国际标准的职责，促进了各国在智力、科学、技术和经济领域开展合作。

（二）国际标准的组织

国际标准体系主要由 ISO、IEC、ITU 三大国际标准化机构和其他公认的国际标准组织构成，三大国际标准化机构制定的标准，是国际标准的主体。

1. 国际标准化组织（ISO）

国际标准化组织（ISO）是一个全球性的非政府组织，是国际标准化领域中一个十分重要的组织。ISO 并不是 International Organization for Standardization 的首字母缩写，而是来源于希腊语"ISOS"，即"EQUAL"——平等之意。

ISO 国际标准组织成立于 1946 年，现有 165 个成员，包括 165 个国家和地区。ISO 的最高权力机构是每年一次的"全体大会"，其日常办事机构是中央秘书处，设在瑞士日内瓦。中央秘书处现有 170 名职员，由秘书长领导。ISO 的宗旨是"在世界上促进标准化及其相关活动的发展，以便于商品和服务的国际交换，在智力、科学、技术和经济领域开展合作"。该组织自我定义为非政府组织，官方语言是英语、法语和俄语。

中国于 1978 年加入 ISO，在 2008 年 10 月的第 31 届国际化标准组织大会上，中国正式成为 ISO 的常任理事国，代表中国参加 ISO 的国家机构是中国国家技术监督局。

ISO 的主要功能是为人们制定国际标准达成一致意见提供一种机制。其主要机构及运作规则都在一本名为《ISO/IEC 技术工作导则》的文件中予以规定。目前，ISO 已经发布了 17 000 多个国际标准，如 ISO 公制螺纹、ISO 的 A4 纸张尺寸、ISO 的集装箱系列（世界上 95% 的海运集装箱都符合 ISO 标准）、ISO 的胶片速度代码、ISO 的开放系统互联（OS2）系列（广泛用于信息技术领域）和有名的 ISO9000 质量管理系列标准。

2. 国际电工委员会（IEC）

国际电工委员会（IEC）是世界上成立最早的国际性电工标准化机构，负责有关电气工程和电子工程领域中的国际标准化工作。

IEC 成立于 1906 年，现有 173 个成员，有正式国家成员 86 个、联络国家成员 87 个。理事会是 IEC 最高权力和立法机构，由委员会主席，IEC 主席、副主席、司库、秘书长等 IEC 官员和所有往届主席，IEC 理事局成员组成。每年至少召开 1 次会议。IEC 的宗旨是促进电工、电子和相关技术领域有关电工标准化等所有问题（如标准的合格评定）的国际合作。

中国于 1957 年加入 IEC，1988 年起改为以国家技术监督局的名义参加 IEC 的工作，现在是以中国国家标准化管理委员会的名义参加 IEC 的工作。目前，我国是 IEC 理事局（CB）、标准化管理局（SMB）、合格评定局（CAB）的常任成员。在 2011 年 10 月 28 日，澳大利亚召开的第 75 届国际电工委员会（IEC）理事大会上，中国正式成为 IEC 常任理事国。

3. 国际电信联盟（ITU）

国际电信联盟（ITU）是联合国的一个重要专门机构。主要负责分配和管理全球无线电频谱与卫星轨道资源，制定全球电信标准，向发展中国家提供电信援助，促进全球电信发展。

ITU 成立于 1934 年，其成员包括 193 个成员国和 700 多个部门成员及部门准成员和学术成员。

中国于 1920 年加入国际电信联盟的前身国际电报联盟，1932 年中国首次派代表参加在马德里召开的全权代表大会，签署了马德里《国际电信公约》。1947 年在美国大西洋城召开的全权代表大会上，中国第一次被选为行政理事会的理事国。中华人民共和国成立后，中国在电联的合法席位曾被非法剥夺。1972 年 5 月电联行政理事会第 27 届会议通过决议恢复我国的合法席位。2014 年 10 月 23 日在韩国釜山国际电信联盟 2014 年全权代表大会上，中国推荐的国际电信联盟副秘书长赵厚麟当选为 ITU 新一任秘书长，成为国际电信联盟 150 年历史上首位中国籍秘书长。

4. 电气和电子工程师协会（IEEE）

电气和电子工程师协会（Institute of Electrical and Electronics Engineers，IEEE）是一个美国的电子技术与信息科学工程师协会，是世界上最大的非营利性专业技术学会。该协会致力于电气、电子、计算机工程和与科学有关的领域的开发和研究，在太空、计算机、电信、生物医学、电力及消费性电子产品等领域已制定了 900 多个行业标准，现已发展成为具有较大影响力的国际学术组织。

IEEE 于 1963 年 1 月 1 日由 AIEE（美国电气工程师学会）和 IRE（美国无线

电工程师学会）合并而成，是美国规模最大的专业学会。IEEE 是一个非营利性科技学会，拥有全球近 175 个国家 36 万多名会员。在电气及电子工程、计算机及控制技术领域中，IEEE 发表的文献占了全球将近百分之三十。

在中国，已有北京、上海、西安、武汉、郑州等地的 55 所高校成立 IEEE 学生分会。

IEEE 被国际标准化组织授权为可以制定标准的组织，设有专门的标准工作委员会，有 30 000 名义务工作者参与标准的研究和制定工作，每年制定和修订 800 多个技术标准。我们熟悉的 IEEE 802.11、IEEE 802.16、IEEE 802.20 等系列标准，就是 IEEE 计算机专业学会下设的 802 委员会负责主持的。

五、中国标准的发展

（一）中国标准的历史

从发展历史看，我国标准化管理体制大致可以划分为以下三个阶段。

第一阶段，由民国时期到中华人民共和国成立。在国际上"合理化""标准化"浪潮的推动下，中国于 1931 年草拟《工业标准委员会简章》并成立工业标准委员会。1946 年民国政府公布《标准法》，参加国际标准化组织（ISO）成立大会，与苏联、美国、英国和法国共同成为理事国。1947 年民国政府度量衡局与工业标准委员会合并成立"中央标准局"，设立标准审查委员会。

第二阶段，从中华人民共和国成立之初到 20 世纪 80 年代中期。当时国家是计划经济体制，相适应标准化体制也是参照苏联和东欧国家的模式建立起来的。1949 年中央人民政府成立了中央技术管理局，内设标准化规格化处，其制定的《工程制图》成为新中国的第一个标准。1950 年，在朱德的领导下，首届全国标准会议顺利召开，提出了改造旧中国带有半殖民地性质的标准和有计划地制定我国冶金标准的任务。1952 年国第一批钢铁标准颁布实施，化工、石油、建材、机械等领域标准也相继颁布。1962 年国务院颁布《工农业产品和工程建设技术标准管理办法》，成为我国第一个标准化管理的法规。

第三阶段，从 20 世纪 80 年代中后期到现在。这个阶段是我国经济体制和经济管理手段的改革转型期，随着市场经济体制框架的初步形成，产品真正商品化了，企业开始讲求经济核算，提高质量水平，并在这一时期开始采用 ISO9000 质量管理系列标准和 ISO14000 环境管理系列标准，质量体系和环境管理体系认证活动也逐步开展起来。

如今，中国的标准已形成了以国家标准为主体，行业标准、地方标准、企业（团体）标准共同发展的标准生态体系，在国民经济和社会发展中发挥着重要作用。

（二）中国标准的组织

中国标准化工作实行统一管理与分工管理相结合的管理体制。国务院标准化行政主管部门——中国国家标准化管理委员会，统一管理全国标准化工作。国务院有关行政主管部门如住房和城乡建设部、国家能源局等分工管理本部门、本行业的标准化工作。省、自治区、直辖市标准化行政主管部门统一管理本行政区域的标准化工作。省、自治区、直辖市政府有关行政部门分工管理本行政区域内本部门、本行业的标准化工作。市、县标准化行政主管部门和有关行政主管部门，按照省、自治区、直辖市政府规定的各自的职责，管理本行政区域内的标准化工作。

中国国家标准化管理委员会成立于 2001 年 10 月，是国务院授权的履行行政管理职能、统一管理全国标准化工作的主管机构。2018 年国家机构改革，将国家标准化管理委员会并入市场监督管理总局，成立标准技术管理司和标准创新管理司，对外保留国家标准化管理委员会牌子。

（三）中国标准的体系

根据国务院印发的《深化标准化工作改革方案》（国发〔2015〕13 号），我国的标准分为政府主导制定的标准和市场自主制定的标准。政府主导制定的标准分为 4 类，分别是强制性国家标准、推荐性国家标准、推荐性行业标准、推荐性地方标准。市场自主制定的标准分为两类，分别是团体标准和企业标准。政府主导制定的标准侧重于保基本，市场自主制定的标准侧重于提高竞争力，同时建立完善与新型标准体系配套的标准化管理体制。

国家标准、行业标准、地方标准、团体标准、企业标准共同构成了中国标准的生态体系。

1. 国家标准

国家标准简称国标，是包括语编码系统的国家标准码，由在国际标准化组织（ISO）和国际电工委员会（或称国际电工协会，IEC）代表中华人民共和国的会员机构——国家标准化管理委员会发布的标准。强制性国家标准的代号为"GB"，推荐性国家标准的代号为"GB/T"。

2. 行业标准

行业标准是对没有国家标准而又需要在全国某个行业范围内统一的技术要求所制定的标准。行业标准不得与有关国家标准相抵触。有关行业标准之间应保持协调、统一，不得重复。行业标准在相应的国家标准实施后，即行废止。行业标准由行业标准归口部门统一管理，均为推荐性标准。我国行业标准代号见表1－2。

表1－2　　　　　　　　　　我国行业标准代号表

行业标准代号	代号含义	行业标准代号	代号含义	行业标准代号	代号含义
BB	包装标准	JC	建材	SJ	电子
CB	船舶标准	JG	建筑工业	SL	水利
CH	测绘	JR	金融	SN	商检
CJ	城镇建设	JT	交通	NY	农业
CY	新闻出版	JY	教育	TB	铁路运输标准
DA	档案	LB	旅游标准	TD	土地管理
DB	地震标准	LS	粮食标准	TY	体育
DL	电力	LY	林业	WB	物资管理标准
DZ	地质矿产	MH	民用航空	WH	文化
EJ	核工业	MT	煤炭	WJ	兵工民品
FZ	纺织	MZ	民政	WM	外经贸
GA	公共安全	NB	能源	WS	卫生
GY	广播电影电视	QB	轻工标准	XB	稀土标准
HB	航空标准	QC	汽车	YB	黑色冶金标准
HG	化工	QJ	航天	SY	石油天然气
HJ	环境保护	QX	气象	YD	通信
HS	海关	SB	商业标准	YS	有色冶金
HY	海洋	SC	水产	YY	医药
JB	机械	SH	石油化工	YZ	邮政

3．地方标准

地方标准是由地方（省、自治区、直辖市）标准化主管机构或专业主管部门批准和发布在某一地区范围内统一的标准。如地域性强的农艺操作规程，一部分具有地方特色的产品标准（如工艺品、食品、名酒标准）等。制定地方标准一般有利于发挥地区优势，有利于提高地方产品的质量和竞争能力，同时也使标准更符合地方实际，有利于标准的贯彻执行。但地方标准的范围要从严控制，凡有国家标准、专业（部）标准的不能制定地方标准，军工产品、机车、船舶等也不宜制定地方标准。地方标准一般以"DB"作为标准的开头。地方标准均为推荐性标准。

4．企业标准

企业标准是针对在企业范围内需要协调、统一的技术要求、管理要求和工作要求所制定的标准，是企业组织生产、经营活动的依据。国家鼓励企业自行制定严于国家标准或者行业标准的企业标准。企业标准由企业制定，由企业法人代表或法人代表授权的主管领导批准、发布。企业标准一般以"Q"作为标准的开头。

5．团体标准

团体标准是指具有法人资格，且具备相应专业技术能力、标准化工作能力和组织管理能力的学会、协会、商会、联合会和产业技术联盟等社会团体，按照团体确立的标准制定程序自主制定发布，由社会自愿采用的标准。团体标准一般以"T"作为标准的开头。

六、中国电力行业标准

（一）发展历程

20世纪50年代，中国参照苏联和东欧的标准模式，在电力设计、施工、运行、检修、试验等专业建立起了较为全面的标准体系，对保障我国电力工业快速发展、保证电网安全稳定运行起了重大作用。

20 世纪 80 年代中期，作为行政主管部门的原能源部、电力工业部，设立了专门负责电力标准化工作的管理机构，有效促进了电力标准化工作的发展。2003 年，国家发展和改革委员会开始行使电力行业标准化管理职能。2008 年，国家能源局成立，负责电力标准化管理职能，国家能源局下辖的中国电力企业联合会负责电力行业标准化的具体组织管理和日常工作。

近年来，我国电力企业在特高压输电技术、新能源并网技术、大电网运行控制技术方面取得了举世瞩目的成就，电工领域科技实力走在国际前列。国内电力企业已经掌握且拥有了四大核心技术：世界上最先进的特高压输电技术、世界先进的新能源并网技术、全球领先的大电网运行控制技术以及世界先进的智能电网技术。同时，在国家标准化管理委员会的支持指导下，我国电力企业发挥主体作用，积极推动科技创新成果转化为技术标准，深入参与国际标准制定，我国在电工领域的国际影响力与日俱增。

（二）组织机构

我国电力行业对口的标准化管理机构包括国家标准化管理委员会、住房和城乡建设部（工程建设领域标准化行政主管部门）、国家能源局（能源领域（电力行业）标准化行政主管单位）、中国电力企业联合会标准化管理中心。

1. 住房和城乡建设部（工程建设领域标准化行政主管部门）

主要职责：承担建立科学规范的工程建设标准体系的责任。组织制定工程建设实施阶段的国家标准，制定和发布工程建设全国统一定额和行业标准。指导监督各类工程建设标准定额的实施。组织拟订工程建设国家标准、全国统一定额、建设项目评价方法、经济参数和建设标准、建设工期定额、公共服务设施（不含通信设施）建设标准；拟订部管行业工程标准、经济定额和产品标准，指导产品质量认证工作；指导监督各类工程建设标准定额的实施；拟订工程造价咨询单位的资质标准并监督执行。

2. 国家能源局（能源领域（电力行业）标准化行政主管单位）

主要职责：组织制定煤炭、石油、天然气、电力、新能源和可再生能源等能源，以及炼油、煤制燃料和燃料乙醇的产业政策及相关标准。

3. 中国电力企业联合会标准化管理中心

中国电力企业联合会标准化管理中心是中电联的核心业务部门之一，是受有关政府部门委托的电力行业标准化归口管理机构。内设综合计划处、发电标准处、电网标准处三个处。目前，中电联归口管理的电力行业专业标委会有 38 个，全国电力标准化技术委员会有 19 个，专业的国际电工技术委员会有 14 个，中电联标委会有 5 个。按照《中国电力企业联合会标准管理办法》，对没有技术归口的专业领域将组建中电联标准化技术委员会；归口管理能源（电力）标准 2756 项，专家人数达 2000 多人。

主要职责：

（1）组织编制电力标准体系。

（2）组织编制电力国家标准制订修订计划项目建议，组织编制电力行业标准的制订修订计划。

（3）审核全国电力专业标准化技术委员会和电力行业专业标准化技术委员会及其电力有关单位拟订的电力国家标准和行业标准。

（4）负责组建电力全国专业标准化技术委员会和能源领域电力行业专业标准化技术委员会，负责专业标准化技术委员会的换届工作，指导电力行业标准化技术委员会的工作。

（5）负责国际电工委员会（IEC）相关技术委员会中国业务电力行业技术的归口工作，组织参加有关电力技术的国际标准化活动，推动电力行业参与国际标准化活动。

（6）管理电力标准化经费。

（7）组织电力行业标准化服务工作，组织电力行业标准出版工作，归口管理标准成果，负责标准成果申报。

（8）受有关政府部门委托，具体负责电力行业标准的编号。

（9）指导电力企业标准化工作，办理中国电力企业联合会理事长单位、副理事长单位的企业技术标准的备案。

（10）承办有关政府主管部门委托的其他标准化工作。

（11）受有关政府委托，指导电力企业标准化工作，办理中电联理事长单位的电力企业标准的备案；挂靠电力企业"标准化良好行为企业"试点及确认工作办公室，负责电力企业"标准化良好行为企业"试点及确认工作的开展。

（12）承办中华人民共和国国家标准化管理委员会、住房和城乡建设部、能源局委托的其他标准化工作。

第二章 南方电网公司安全生产概况

第一节 南方电网公司安全生产方针与理念

一、制定安全生产方针的目的

企业的安全生产方针体现了企业安全生产、职业健康、环境保护的宗旨和方向，以及持续降低安全生产风险的承诺，为企业的安全生产管理提供方向。企业的最高管理者应组织决策层制定安全生产方针。通常情况下，企业的方针应体现：遵守国家法律法规的承诺，企业发展战略的目标和方向，企业对安全、健康、环境及持续改进的承诺，用户、员工、社会和其他相关方的需求。在内容方面，方针应简洁、易理解，并与本单位的核心业务相适应。方针应清楚传达企业对安健环管理的承诺，并由最高管理者签发。

企业制定安全生产方针，其目的是指导企业安全生产方向、决策和行动，明晰企业的安全生产目标与指标，为本企业的安全生产提供管理焦点和努力战略方向，助力企业高效高质量完成安全生产目标。

二、安全生产方针的制定

根据《中华人民共和国安全生产法》规定，安全生产工作应当以人为本，坚持安全发展，坚持安全第一、预防为主、综合治理的方针。国家的安全生产方针适合各行各业，是各行业安全生产应遵循的总体原则和要求。南方电网公司各级企业针对本级企业和电网行业特点制定自己的安全生产方针，也必须承接国家安全生产法律法规和政策文件、方针的要求，同时更加具体、更有针对性和指导性，必须体现本企业/行业自身的专业、业务特点。

三、南方电网公司安全生产方针与理念

安全理念是公司坚持安全发展、打造本质安全型企业的态度和准则。南方电网公司树立安全发展理念，弘扬生命至上、人民至上和安全第一思想，坚持依法治安，贯彻"安全第一，预防为主，综合治理"方针，坚守安全底线。坚持改革创新，推进科技兴安，强化源头防范。以打造本质安全型企业为目标，以安全文化为引领，以安全生产风险管理体系为抓手，以全员安全生产责任制落实为保障，持续提升安全生产管理水平和防灾减灾救灾能力，控制一切风险，消除一切隐患，预防一切事故。

南方电网公司通过多年的不懈努力，形成了公司的安全理念体系，其基本框架如图2-1所示。

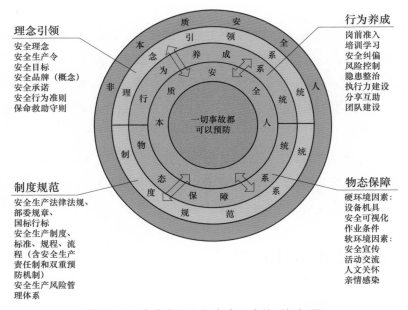

图 2-1 南方电网公司安全理念体系框架图

安全理念体系框架为同心圆结构，核心（圆心部分）是实现"一切事故都可以预防"，即公司安全理念。寓意"同心保安全、同心防事故""心往一处想、劲往一处使""一切围绕践行与实现安全理念"。

框架由七个部分组成，分别是理念引领系统、制度规范系统、行为养成系统、物态保障系统、非本质安全人、本质安全人、一切事故都可以预防（公司安全理念）。

七个部分的相互关系如下：

理念系统引领员工安全思想观念并指导形成制度系统,制度系统内容反映理念导向和要求（安全理念固化于制）；制度系统广泛作用于行为系统和物态系统，指导和约束员工行为，规定和衡量软硬环境要素。物态系统从组织层面提供设备机具和作业环境的安全保障。行为系统从个人层面接受理念系统、制度系统、物态系统的影响，理解、认可、遵从安全理念和规章制度（安全理念内化于心），逐渐培育形成符合安全理念和制度规范要求,适应设备机具和作业环境的安全意识能力及安全行为习惯（安全理念外化于行）。

员工（非本质安全人）进入公司系统从事安全生产工作，在理念系统、制度系统、物态系统、行为系统的综合影响与作用下（安全理念的引导、制度规范的约束、物态资源的保障、行为习惯的养成），逐渐成长为想安全、要安全、会安全、能安全的本质安全人，同时充分发挥人的主观能动性，促进理念、制度、物态、行为系统本质安全水平的进一步提升，形成人与系统间相互作用、相互促进的良性循环，发挥各要素合力，共同践行与实现"一切事故都可以预防"的安全理念。

第二节　南方电网公司安全生产责任体系

一、企业建立安全生产责任体系是法律法规的要求

《中华人民共和国安全生产法》规定，安全生产工作必须建立健全安全生产责

任制，坚持党政同责、一岗双责、失职追责，坚持管行业必须管安全、管业务必须管安全、管生产经营必须管安全，强化和落实生产经营单位的主体责任，建立生产经营单位负责、职工参与、政府监管、行业自律和社会监督的机制，防范各类事故，坚决遏制重特大生产安全事故。生产经营单位必须遵守《中华人民共和国安全生产法》和其他有关安全生产的法律、法规，加强安全生产管理，建立、健全安全生产责任制和安全生产规章制度，改善安全生产条件，推进安全生产标准化建设，提高安全生产水平，确保安全生产。国家实行生产安全事故责任追究制度，依照《中华人民共和国安全生产法》和有关法律、法规的规定，追究生产安全事故责任单位和责任人员的法律责任。

企业要建立健全安全生产责任制是指企业要建立健全从主要负责人到一线岗位员工覆盖所有管理和操作岗位的安全生产责任制，明确企业各岗位的安全责任和考核标准。加强安全生产法治教育，提高全员守法自觉性，建立自我约束、持续改进的安全生产内生机制，建立企业内部安全生产监督考核机制，推动各个岗位安全生产责任落实到位。

二、企业如何建立安全生产责任体系

安全生产责任体系是全员安全生产职责确立与实施以及职责间相互关联的运行体系，是指以第一责任人职责为源头的全员安全生产责任制的各项职责清单，形成与日常安全生产管理工作有机结合的动态责任考核机制。第一责任人安全生产职责很重要，所有职责均是从第一责任人分解而来。从"源头"上来看，全员安全生产职责存在相应的关联关系，最起码各项职责都来源于本单位安全生产主要负责人的安全生产职责。安全生产职责必须是全员的，安全生产人人有责。安全生产职责必须以文件形式体现，即所谓的"清单"。安全生产职责必须是能够动态考核的，而不是静止的。

一个生产经营企业是否能够建立健全自身的安全生产责任体系，最为核心的是企业能否成功建立和完善五项基本机制，即安全生产责任的确认机制、考核机制、检查机制、反馈机制和调整机制，五项基本机制未建立或不全面、不完善，就不可能建立健全安全生产责任体系。因为五项基本机制的建立是安全生产责任体系建设的基础性工作，"基础不牢，地动山摇"，安全生产责任体系建设的基础性工作不做好，就会给安全生产责任体系建设带来很大的困扰，或所谓的安全生产责任体系就是一座空中楼阁，是虚幻的存在。知责任者，大丈夫之始也；行责任者，大丈夫之终也。知责是前提，知责才能明责、担责、尽责。企业的党员领导干部必须把握职责定位，明晰责任所在，扛起该扛的责任，挑起该挑的担子，做到在其位、谋其政、任其职、尽其责。更加熟知本企业、本岗位的具体职能，更加清楚自己的职责有哪些，应该干什么，不该干什么。问责不是目的，而是形成震慑效应、强化担当意识、促进履职尽责。通过科学问责、精准问责、严肃问责，坚持是谁的责任就问谁的责，是哪一级的责任就追究到哪一级，该问到什么程度就问到什么程度，该采取什么问责方式就采取什么问责方式。从而推动企业全员明责于脑、知责于心、尽责于行、担责于身。

安全生产责任体系五项基本机制具体如下：

（1）安全生产责任确认机制，是指企业各项安全生产管理制度与各项安全生产职责的制定、调整、发布的方法和相应的管理部门及责任人的管理机制，简称责任确认机制或确认机制。

（2）安全生产责任考核机制，是指企业安全生产责任考核标准、管理方法和相应的安全生产责任考核管理部门及责任人的管理机制，简称责任考核机制或考核机制。

（3）安全生产责任检查机制，是指企业日常安全生产责任检查要求、管理方法和相应的安全生产责任检查管理部门及责任人的管理机制，简称责任检查机制或检查机制。

（4）安全生产责任反馈机制，是指企业安全生产责任落实情况的信息采集与反馈要求、管理方法和相应的安全生产责任信息采集与反馈管理部门及责任人的管理机制，简称责任反馈机制或反馈机制。

（5）安全生产责任调整机制，是指企业安全生产责任落实情况分析与安全生产责任有关内容的调整要求、方法和相应的安全生产责任调整管理部门及责任人的管理机制，简称责任调整机制或调整机制。

安全生产责任的确认机制、考核机制、检查机制、反馈机制和调整机制，五项基本机制是建立健全安全生产责任体系的基础性工作，一个都不能少。缺少确认机制，就不能规范制定安全生产责任，也就谈不上建立安全生产责任制，或建立的安全生产责任制是空洞的、不现实或不落地的；缺少考核机制，或考核不是针对安全生产责任的，安全生产责任缺少监督考核，仅靠自觉履行安全生产职责是不现实；缺少检查机制，没有针对日常履行安全生产责任的检查，安全生产考核就是一句空话，安全生产责任的履行情况就难以掌握，安全生产管理存在失控可能；缺少反馈机制，安全生产责任的履行信息得不到反馈，也就谈不上安全生产责任体系的监控管理，现场出现危险难以掌握，履行安全生产责任的风险将加大；缺少调整机制，安全生产管理出现的问题得不到及时纠正，安全生产责任发生变化得不到及时调整，隐患与责任的缺陷将逐渐加大，安全生产产责任体系建设将出现越来越多的漏洞。

三、南方电网公司安全生产责任体系

作为企业和从业人员，南方电网公司所属各级企业和员工认真贯彻落实《安全生产法》规定的安全生产职责，履行好权利和义务，是对其最基本的要求，其肩负着安全生产的法律责任。对照《中华人民共和国安全生产法》，其核心责任是保证生产安全。在履职尽责方面违反了安全生产法的规定，造成后果的，将要承担法律责任。

安全生产是电网企业的生命线，责任重大、使命光荣。南方电网深入贯彻国家《安全生产法》，落实《中共中央　国务院关于推进安全生产领域改革发展的意见》的要求，健全"党政同责、一岗双责、齐抓共管、失职追责""管行业必须管安全、管业务必须管安全、管生产经营必须管安全"的安全生产责任体系，该体系力求全面覆盖、权责明晰和自我约束，做到层层负责、人人有责、各负其责、失职追责。各级领导人员严格履行安全生产决策部署和资源调配责任，做到生产经营与安全保障同决策、同实施和同监督；各级管理人员严格履行安全生产组织策划、统筹协调和检查指导责任，做到各司其职、密切配合、科学规范和监督到位；作业人员严格履行安全生产岗位职责，认真执行安全生产管理制度和标准规范，自觉提高安全技能和风险意识，做到遵章守规、爱岗敬业和履职尽责。

南方电网公司根据改革发展需要，进一步完善本部部门安全职责，促进安全生产工作管理，为公司建成具有全球竞争力的世界一流企业奠定坚实的安全基础，在网、省、地三级制定了部门安全职责规定。各部门按照"一岗双责"和"谁主管、谁负责"的原则，对各自业务领域的安全生产工作履行安全生产主体责任。具有业务归口管理职能的部门，对归口管理工作履行安全生产监管职责。相关业务领域的专业管理部门，履行协同配合归口管理部门提供专业支持与指导的职责。各部门对本部门涉及安全生产要素的各项工作，承担直接管理责任。按照职责功能定位，系统各级本部安全生产职能划分为三类，即安全生产综合监督管理职能、安全生产管理与监督职能和安全生产支撑保障职能。三类部门及安全职能分别如下：

（1）负有安全生产综合监督管理职责的部门，履行南方电网公司安全生产综合监督管理的职责，具体为安全监管部。

（2）负有业务领域安全生产管理与监督职责的部门，履行本业务领域安全生产管理与监督的职责，具体为办公室、战略规划部、生产技术部、市场营销部、基建部、新兴业务与产业金融部、数字化部、南网总调等部门。

（3）负有业务领域安全生产支撑保障职责的部门，履行本业务领域安全生产支撑保障的职责，具体为计划与财务部、供应链管理部、创新管理部、审计部、法规部、人力资源部、工会等部门。

所有部门的通用职责：负责贯彻落实本业务领域国家及行业有关安全生产的法律、法规、条例、指令性政策等，负责建立健全本业务领域安全生产工作的职责、规章、标准、规范等。负责贯彻落实本业务领域的安全生产责任制，实行全员安全生产自我约束、持续改进的常态化机制，并做到安全责任、管理、投入、培训和应急救援"五到位"。负责建立健全本业务领域安全生产预控体系。完善安全风险管控、隐患排查治理和事故事件预防措施，开展安全生产检查和专项督查，及时协调解决本业务领域安全生产中存在的问题。负责本业务领域生产场所消防、安保、环保、危险源监控、职业健康、车辆驾驶、信息安全、安全禁令、新材料、新工艺等的专业管理工作。负责制定本业务领域实现公司安全生产目标的组织措施、技术措施和安全措施。完善安全生产奖惩机制建设，持续推进安全生产标准化和安全文化建设，确保本业务领域安全生产工作健康发展。负责完成公司交办的有关安全生产的其他工作。各类部门的安全职责按照业务领域各有不同。

第三节　南方电网公司安全生产监督体系与保障体系

一、南方电网公司安全生产监督体系

（一）南方电网公司建立安全生产监督体系的主要举措

南网电网公司在承接国家法律法规、标准规范要求的基础上，结合公司业务特点和实际情况，建立了完善的安全生产监督体系。通过健全安全监管组织，完善检查工作体系。主要的做法和举措包括全面推行网省两级安全总监制度；加强基层单位薄弱环节的监督管理，县（区）级供电企业设置独立安全监管部门；结合实际研究优化、配齐各级安全监督及督查大队人员；全面推行安全生产巡查工作，优化形成安全巡查、专业检查、"四不两直"飞行检查相互补充的检查工作体系。

（二）安全生产监督（巡查/检查）与安全生产风险管理体系审核的融合

近年来，南方电网公司大力推行安全生产巡查（检查）与安全生产风险管理体系审核的融合，实现"只做一件事"—"干成一件事"。安全生产巡查的核心是事前抓早抓小，重点不在现场表象问题，关键是透过现场问题看管理和人员的问题，并善于直接从管理体制和机制上挖掘深层次的问题，体现"见事见人见管理"、安全生产巡查（检查）与安风体系审核有机融合是最佳实践。

通过安风体系指导巡查工作系统化、规范化、持续改进地开展，直接从管理体制和机制上挖掘问题，通过巡查倒逼安风体系落地应用。事故事件调查是结果性的，是事后的追查，进而开展追责。安全生产巡查和事故事件调查是安全生产监督体系的工作重心，都不可偏废。巡查、调查都聚焦各级负责人及管理人员不作为、不正确作为等突出问题，聚焦安全生产工作中的形式主义和官僚主义，聚焦一线班组资源配置、工作状态、工作作风和工作技能，揭示安全生产突出问题并提升问题系统化整改的实效。在制度建设方面，核心思想是有奖有罚、尽职免责、失职追责；抓早抓小，更加注重非行政问责；鼓励主动发现和解决问题。通过完善《安全工作奖惩管理办法》等考核问责制度，强化事后与事前相结合的全过程安全责任追溯，使安全生产巡查和安全检查督查中发现的严重、重复性问题及时得到提醒、纠正和处置，做到抓早抓小、防微杜渐。对安全生产履职尽责不到位、发生安全生产责任事故事件以及瞒报、谎报事故事件的单位和个人，按照问责管理规定和责任到位清单，尽职照单免责、失职照单问责，依规依责进行问责追责。合理制定和优化安全绩效指标，强化安全绩效过程与结果考核管理。

南网电网公司近二十年的实践表明，通过推动形成"责任""检查、调查"和"奖惩"三者逼近目标、围剿问题的良性循环机制，鼓励和倒逼安全生产责任的落实落地，使安全生产监督体系发挥应有的作用。

二、南方电网公司安全生产保障体系

电网企业的电能供应业务是核心，中心任务是为用户提供优质电力供应，安全生产责任是基本要求，从资产（设备、系统）、技术、管理、人才、文化各方面建立一套完善的安全生产领域保障体系就是内在要求和理所应当的。建立南方电网公司安全生产领域保障体系，主要从以下几个方面开展。

（一）风险管理方面

坚持和完善安全生产风险管理体系，其目标是建立一套安全生产管理的长效机制。

（二）资产全生命周期管理方面

南方电网公司是重资产企业，其重要特征是固定资产中设备资产占比高。截至2019年年底，公司资产总额净值约9329亿元，固定资产净值为6407亿元。其中，电网资产净值为5682亿元，占88.7%。管理好这部分资产，使其在生命周期内最大限度发挥应有价值，是公司资产管理的重点和核心。公司固定资产规模大、增速快、变化频，而2010年起公司售电量增长进入平缓期。在售电量增长与资产增量不匹配的前提下，要保证公司可持续发展，必须对资产实施精益管理，在确保安全的前提下，不断提高设备健康水平、延长设备使用寿命、提升资产使用效能。深化资产全生命周期管理也是缓解资产规模增速与售电量增速不匹配矛盾的迫切需要。同时，近年电力体制改革给设备资产管理带来了新挑战，公司必须适应输配电价改革"准许成本+合理收益"模式，合理合规增加优质有效资产，才能有效管控成本、合理增加收益。分电压等级核定成本、确定电价等改革举措要求资产分类必须清晰、合理，账实相符、账卡一致，才能合理计提折旧，用足成本，倒逼公司提升资产管理水平。

（三）防灾减灾与应急方面

大力优化防灾减灾与应急体系，一方面持续完善"灾前防、灾中守、灾后抢"的运转处置机制，不断提升灾害监测预警水平，做好保底电网、防风加固、保港澳供电三篇文章，确保核电安全，提升防风、防冰标准，持续提升救援能力与水平；另一方面持续优化完善公司应急管理体系，主要有四个着力点：预警预测体系、应急预案与演练体系（提升城市大面积停电事件应急能力）、应急队伍的优化（平战结合、常特结合）、应急装备配备、应急培训基地建设（演练与提升）。

（四）基层基础基本技能建设方面

南方电网公司始终把基层基础基本技能建设作为提升公司安全生产能力的基础中的基础，自 2011 年起做了大量工作，有了长足进步。工作思路是坚持结合实际、注重实用、务求实效，从体制机制、组织机构、人员配备、专业培训、考核激励等方面，全方位加强基层供电所和一线班组管理，确保基层班站所牢牢守住安全生产、用电服务这个中心工作，让安全生产回归本质。

（五）生产管理方面

南方电网公司大力优化生产管理体系，实施调控一体化、输变电设备及配调集约化、生产项目统一建设、配电网优化、可靠性提升，取得了显著成效。

（六）完善技术支撑方面

推进公司数字电网、智能电网标准体系建设，梳理与完善技术标准体系，提升技术支撑监督能力、推动生产领域数字化转型，加强新技术、新设备研究应用引领。

（七）安全文化建设方面

南方电网公司全力构建先进的安全文化，努力实现建设本质安全型电网企业的必由之路。公司自成立以来始终坚持"安全第一、预防为主、综合治理"的安全生产方针和"一切事故都可以预防"的安全理念，强化安全生产管理与监督，系统推进安全文化建设，取得了阶段性成果，奠定了良好的员工基础。

第四节　南方电网公司安全生产经验与启示

近年来，南方电网公司系统在持续推动深化改革和高质量发展上做了大量卓有成效的工作，安全生产领域形成了一些相对较为完备的经验做法，在风险管理、资产全生命周期管理、防灾减灾与应急、基层基础基本技能、生产管理、技术支撑、安全文化建设等方面取得了卓越的成绩。

一、安全生产风险管理领域

作为世界 500 强企业的南方电网公司，瞄准国际先进企业，早在 2007 年就探索建立了一套与国际接轨又具有南方电网特色的安全生产风险管理体系。十年来，南方电网公司坚持推行体系建设，建立了一套"系统防范风险、安全关口前移"的风险管控机制和方法，极大地提高了复杂大电网的驾驭能力，有效地保持了公司安全生产局面的持续稳定。南方电网公司的安全生产风险管理体系无论在理念上、内容上，还是在具体做法上都充分体现了国家关于风险预控的要求，也说明南方电网公司的体系建设工作已经走在了行业前列。南方电网公司安全生产风险管理体系以

"基于风险、系统化、规范化与持续改进"为思想方法,以 PDCA 闭环管理为原则,系统地提出了安全生产管理内容与要求,指明了安全生产各项工作的管理目的、管理途径与管理要求,为管理和作业规范提出了具体的工作指引。

体系遵循国际通用的"风险辨识、风险评估、风险控制、过程回顾"风险管控基本模式,提出了电网、设备、作业、环境与职业健康的风险管理内容,强调事前风险识别与评估,事中落实管控措施、事后总结回顾与整改,最终达到风险超前控制和持续改进的目的,充分体现了国家"安全第一、预防为主、综合治理"的安全生产方针和公司"一切事故都可以预防"的安全理念。

二、资产全生命周期管理领域

南方电网公司深化资产全生命周期管理的工作思路:更加重视资产投资回报和价值创造,以保障供电安全、提高供电质量和提升运营效率为中心,以关键资产绩效指标管控为抓手,以全生命周期活动计划执行管控为主线,优化业务流程、解决突出问题,以标准化、数字化建设为支撑,推动规划计划、物资采购、工程建设、运维检修、退役报废各业务环节高效协同,达到资产实物管理和价值管理的统一,建成具有南网特色的资产全生命周期管理体系,实现资产管理风险、效能和成本综合最优。

具体的工作路线图:一方面建立与安全生产发展相适应的技术标准体系,在资产全生命周期管理各环节严格执行,把好设备规划设计关、选型入口关、施工质量关、验收移交关、并网带电关和检修运维关;另一方面以选取使用满足电网安全及持续发展要求的好设备为目标,大力推进设备标准化,优化完善设备采购策略。严格落实新建工程零缺陷移交。

近年来,南方电网公司系统坚持问题导向,持续完善生产监控指挥中心系统,加强设备分析及问题闭环管控,强化设备风险防控、供电可靠性技术支撑;开展覆盖安全生产全业务链条的技术监督服务,强化对规划设计、物资采购、工程建设、运行维护、退役报废等资产全生命周期管理环节的技术介入,全面提高设备健康水平和资产绩效。

三、防灾减灾与应急管理领域

南方电网公司始终坚持强化应急能力建设。近年来以习近平总书记"两个坚持，三个转变"的防灾减灾救灾新理念为指导，不断总结应急体系运转情况，对公司应急管理体系进行优化，推进应急管理体系与能力现代化。完善灾情综合预测预报系统功能，推进公司建设面向电力系统风险特征的自然灾害监测预警平台。完善应急预案并加强演练，积极配合各级地方政府修编大面积停电事件应急预案，开展大面积停电联合应急演练，建立健全应急协调联动机制。编制应急预案管理相关工作指引，规范开展应急预案编制、评审、发布、培训、修订及备案等工作，强化应急演练和总结评估，持续提升专项应急预案的针对性、科学性和可操作性。

开展突发事件应急情景构建研究，优化应急预案体系，重点提升城市大面积停电事件、公共卫生及社会安全事件的综合应急处置能力。要提升应急保障能力，加快开展应急特勤队伍和应急抢修队伍规范化建设，提升应急队伍专业化水平。地市局与所在地方政府相关部门、能源监管机构、周边企业居民的应急协调、联动响应机制全面建成，电力突发事件应对科学高效。加强综合应急基地运转，推进公司应急基地建设和运行管理规范化，利用应急基地系统开展各级领导人员、管理人员、应急队伍培训，提升各级各类人员的应急意识和应急能力。完善主要应急装备技术标准和作业标准，按照分区域、分灾种、分风险的原则加强应急装备配备和应急物资储备。深化应急指挥信息系统功能建设及应用，提升应急指挥辅助决策水平。完善应急能力评估指标体系，建立常态化的应急评估机制，以应急能力评估和应急处置后评估为抓手，不断完善突发事件预测预警、信息报告、应急响应和恢复重建等机制。完善保供电管理机制，系统开展高等级、高频次保供电场所的供电保障能力风险评估，从电网侧和用户侧制定并实施整改提升措施，规范高效完成亚运会、大运会、航天发射、博鳌论坛等重大保供电任务。

近年来，南方电网建成网、省、地、县四级生产监控指挥中心系统，在安全生产工作特别是防灾减灾和应急工作中提供了坚强有力的支撑。针对电网"山火、台风、覆冰"等主要灾害，在生产监控指挥中心建成了电网灾害监测与决策支持系统，实现电网自然灾害防御的灾害预测、灾情监测、损失评估和应急决策等定制化服务，为电网灾害监测和应急指挥等提供有力支撑；构建"卫星广域监测、无人机线路特巡、地面装置重点监测"点线面结合的天、空、地一体化山火监控网络，实现南网全境 5 分钟一次广域高频山火监测，建立"监测—预警—处置—反馈"的山火监控闭环管控工作机制；按照"平时预、灾前防、灾中守、灾后抢、事后评"的总体思路，建成台风"应急一张图"，融合安监、生技、调度、市场等相关部门防灾信息，实现抗击台风全过程的直观可视化指挥。2014 年以来，先后支撑了台风"威马逊""彩虹""天鸽""山竹"等 18 次抗风应急工作，系统提前 24 小时预测台风登陆区域，提前 12 小时准确定位登陆点，累计发布线路杆塔风速越限预警 48 650 基。

四、基层基础基本技能建设领域

基层基础基本技能的"三基"建设方面，核心的工作举措包括结合实际做好推进基层党支部和基层基础基本技能融合建设的工作方案，推动落实基层业务组织模式完善、作业文件优化、业务清理、开展标杆党支部和星级班站所评选联合考评等工作；高度重视资源配置问题，将各类资源向基层一线倾斜，满足基层对人财物的基本需求，准确掌握生产班组现有人力资源状况；强化生产班组基础管理，通过信息化倒逼提升，注重班组减负与严爱结合，营造班组良好安全氛围；高度重视班组长的选拔和培养，持续优化改进技能人员岗位培训、评价、持证、上岗的管理机制，加大技能人才培养通道建设力度，把班组建设成为技能人才和管理人才的成长基地；充分利用班站所等小型实操训练场地，以自身技能专家、业务骨干为主开展实操实训，强化一线人员安全意识与安全技能；结合各工种实际作业风险，加强对安规、"两票"等现场规程规范的培训和释义，增强员工自保互保能力。

五、生产管理领域

生产管理优化方面，公司系统将调控一体化对提升电网运行效率、运行效益方面好的模式、经验进行制度和流程的固化，加快推进全覆盖，实现了"调控一体化"。不断推进输变电设备及配调集约化，充分发挥集约后的管理优势，提高管理效能，保证关键指标的提升。高度关注集约工作中存在的问题和出现的新情况，扬长避短并强化问题处理，有序做好人员调整和资源配置，强化员工技能培训，进一步完善管理和技术手段，确保集约后对设备运维、现场作业和客户服务的支撑及响应的及时性。

大力提升供电可靠性，持续强化规划建设、物资装备、生产运维、客户服务、科技创新的多线联动和责任传递，"抓两头、促中间"，推动源头治理，大幅减少计划及故障停电。各省会城市、粤港澳大湾区城市、海南自贸区核心城市（海口、三亚）等重点城市在全国 50 个主要城市和 326 个地级行政区的供电可靠性排名稳中有升，持续保持领先优势。

六、完善技术支撑领域

完善技术支撑方面，着力推进公司数字电网、智能电网标准体系建设，加强传统技术标准体系的梳理与完善，并细化落实到规程规定、典型设计和作业标准中。提升技术支撑监督能力，强化各级科研院（电科院）、数研院对安全生产的技术支撑作用，建立覆盖全专业领域的技术监督及管理队伍。推动生产领域数字化转型，加强顶层谋划设计，研究制定生产域数字化转型路线图和实施方案，全力以赴做好公司电网管理平台、云边融合调度运行管理平台和全域物联网建设和应用，并在全面使用中迅速迭代完善。加强新技术、新设备研究应用引领，5G+智能电网应用研究，重大装备技术攻关及国产化替代，智能变电、输电、配电，配电网光纤通信。

积极稳妥推进管理与技术融合，如无人机技术与输电管理融合等。南方电网公司下属的广东电网通过规范输电、变电、配电等各专业智能巡检管理，推进管理与技术融合。变电方面，制定变电站智能终端配置标准及变电站典型设计，变电站智能运维策略与技术导则；配电方面，制定配电网机巡管理指导意见、配电线路无人机巡检作业技术标准、配电线路无人机巡检数据处理导则；输电方面，制定机巢技术规范、新建架空输电线路数字化移交标准等企业标准作业规范文件，规范企业技术行为，保证电网安全经济运行，推动智能技术在安全生产中大规模应用，实现广东电网输电、配电无人机自动巡检全覆盖，以技术进步推动管理变革，完成提质增效同时大幅降低生产一线劳动强度。广东电网在智能技术方面，实现了机巡成果的在线发布、缺陷闭环管理。建立输电线路数字化运行通道，开展多工况智能分析及挖掘应用，完成"一站式"大数据融合共享，同时实现多机种协同作业实时监控调度、"站到站"全天候智能巡视、缺陷智能识别、隐患智能预测、策略智能优化。制定了 39 份现场作业、数据分析、安全管理等全流程作业标准，编制了南方电网空域调度、机巡作业、数据分析、人员培训和机巡装备质量管理等技术标准，电力机巡用无人机采购技术条件书等技术规范，推动了无人机行业应用的发展。将输电运维从人巡为主转变为机巡为主，从有人机为主转变为无人机为主，从人工遥控转变为自动驾驶。国内首创的电网空域管控体系、多机种协同作业体系、机巡应急勘灾体系、人才装备保障体系和数据智能应用平台，破解了作业空域管理、新业务人才装备支撑、机巡规模化作业、快速勘灾的难题，构建成"四体系一平台"的智能运维模式，推动生产运维向精益化转变。

七、安全文化建设领域

安全文化建设方面，公司始终将安全文化作为安全生产治本核心要素和安全发展的重要内容，依靠科技、强调人本，将"一切事故都可以预防"安全理念内化于心、固化于制、外化于行，转化为全员的一致行动，致力于实现人的本质安全，围绕"人"这一确保安全生产最核心、最难以管控的要素，将安全理念融入管理、切入业务、植入行为，将安全技能反复强化、入脑入心、形成习惯，引导广大干部员工发挥主观能动性，使要安全、会安全、能安全、刚性执行、分享互助成为所有员工的行为习惯，推动强制型安全行为向自觉型安全行为转变。南方电网公司系统多家供电单位获评全国和省级安全文化示范企业。

第三章 南方电网公司标准化工作概况

第一节 南方电网公司标准化工作概述

一、南方电网公司标准化工作发展历程

2008 年，成立了技术标准化委员会，负责组织领导技术标准工作。

2011 年，颁布了《中国南方电网公司技术标准管理规定》，并在 2014 年、2017 年进行了两次修订，新设并调整了标准组织机构，完善了公司企业标准规划、制定、实施与评价全过程管理，重点补充了标准化工作的考核激励机制，协调解决了专项经费。新设或调整了标准组织机构，完善了公司企业标准规划、制定、实施与评价全过程管理，重点补充了标准化工作的考核激励机制，协调解决了专项经费，使得技术标准管理工作有组织、有依据、有抓手。实行分子公司技术标准工作考核加分制，建立技术标准化工作的月度通报机制。按照谁组织编制谁负责的原则，将技术标准的编制质量管控责任落实在公司各相关业务域的主管部门，实行责任追溯。

2018 年，首次组织编制了《中国南方电网公司技术标准战略纲要》，为公司在标准化工作上的持续突破提供了指引。在实际工作中，以资产全生命周期管理为抓手，着重在技术标准体系规范、标准布局、标准管理、标准应用及标准服务等方面推进标准化建设，开展核心领域标准体系和专项研究。

2019 年，发布了《南方电网公司推动高质量发展 加快建设具有全球竞争力

的世界一流企业的实施意见》，将标准化作为推动公司高质量发展的五大支撑体系之一。

二、南方电网公司技术标准体系

为了完善标准体系，实现资产与业务生命周期标准全覆盖，2011 年，南方电网公司制定了公司技术标准体系表，组建了六个专业工作组，确保范围全部涵盖发电、输电、换流、变电、配电、用电、调度及二次、附属设施及工器具、信息、技术经济、安全监管等各个专业。共收录标准 10 093 项，其中，企业标准 404 项、团体标准 127 项、行业标准 4284 项、国家标准 4051 项、国际标准 1227 项。

同时构建了南方电网公司技术标准体系资产全生命周期映射表，将各项专业技术标准划分到规划、设计、采购、建设、运维、修试、退役等 7 个阶段和初设、施工图、招标、品控、施工工艺、验收与质量评定等 14 个分阶段中，实现了对生产设备的全生命周期管理和电网规划、建设、生产运行等电力生产环节的全过程管理。

南方电网公司技术标准体系表和技术标准体系资产全生命周期映射表的构建全面贯彻落实了"网公司总部抓总（制定和发布公司技术标准体系和专业领域体系）、分子公司做实（标准编制）、基层供电局强基（标准运用与执行）"的管控思路，充分调动了各层级标准化专家，构建了全层级、全员参与的技术标准创制体系。

三、南方电网公司技术标准化成果

近年来，南方电网公司标准化工作的持续深入开展，不仅保障了电网生产过程的可靠性，提高了工作效率和经济效益；而且公司标准化成果不断涌现，标准化工作及标准化成果对推动公司发展进步也发挥了重大作用，获得了显著效益。

（一）完善标准体系，实现了资产与业务生命周期标准全覆盖

自 2011 年起，南方电网公司发布首个技术标准体系表并每年修编颁发。2018年，构建公司技术标准体系资产全生命周期映射表，将各项资产所涉及的技术标准划分到规划、设计、采购、建设、运维、修试、退役等 7 个阶段，加强了对资产全

生命周期管理的支撑作用。

结合南方电网核心技术优势，组织开展了直流、OSII、防灾、电力需求侧管理、新能源并网、电动汽车等技术标准体系建设，通过对直流技术标准体系进行深入分析，探索标准体系建设及应用的具体模式；同时启动业务相对单一的调峰调频发电公司标准子体系建设，探索以分子公司为主体的标准体系建设模式。

（二）加强标准制（修）订管理，提升了标准质量水平

在国家、行业、企业标准化工作方面，截至 2017 年年底，公司主导或参与编写国家标准 251 项、行业标准 381 项、企业标准 404 项；2018 年上半年发布国家、行业、团体标准 110 项、通过国家、行业、团体技术标准修订计划立项 51 项；发布企业标准 14 项。

在国际标准化工作方面，以直流输电、微电网、储能、电动汽车为突破点，培育了一批国际标准编制项目。2017—2018 年，共颁布 IEC 标准（参编）1 项、IEEE 标准（主持）3 项；正在编制或申请的 IEC 标准 7 项、IEEE 标准 4 项，有效提高了南方电网公司在国际标准化工作中的影响力。

技术标准化成果方面，获得 2018 年度中国电力创新奖（标准类）一等奖 2 项（共 5 项）、二等奖 2 项（共 5 项）的好成绩，"南网标准"质量得到了电力行业的肯定。

（三）优化资源配置，扩大了"南网标准"的影响力

目前，南方电网公司承担了国家、行业、团体各 1 个标准委员会秘书处工作：南方电网科学研究院于 2017 年起承担国家电力需求侧管理标准化技术委员会秘书处单位工作、于 2011 年起承担第六届电力行业电力电容器标准化技术委员会（DL/TC 03）秘书处单位工作；承担中国电机工程学会直流输电与电力电子标准专业委员会秘书处单位工作；承担广东省公共场所用电安全标准化技术委员会秘书处单位工作。积极申报国家技术标准创新基地，国家技术标准创新基地（直流输电与电力电子技术）已批复筹建。

在国际标准化工作组方面，南方电网科学研究院牵头成立 IEEE P2781 标准工作组（Load Modeling and Simulation WG），南方电网公司首席技术专家饶宏获 IEEE

PES Uno Lamm 直流输电技术贡献奖，被誉为"特高压直流输电及交直流大电网优化运行技术的先行者"。

在国家、行业标准化组织方面，南方电网公司系统共有 68 人次加入 16 个国标委，其中，担任主任委员/副主任委员 10 位、秘书长/副秘书长 17 位、委员 41 位；112 人次加入 31 个行标委，其中，担任主任委员/副主任委员 15 位、秘书长/秘书 2 位、委员 95 位。

第二节　南方电网公司标准化工作管理

近年来，南方电网公司认真贯彻落实党中央、国务院关于标准化工作的一系列重大决策部署，高度重视标准化工作，初步建立了适宜于公司的标准化管理机制，基本实现了标准体系对各领域的覆盖。南方电网公司参与国家、行业标准化的能力显著提高，国际标准化工作实现了历史性重大突破，标准化工作基础不断完善，基本实现了技术标准与公司各业务工作的有机衔接，有力支撑了公司生产经营活动有序、高效、健康和可持续进行。

一、公司总部

（一）总部在标准体系建设中的定位

总部在南方电网公司标准体系建设中发挥主导和统领作用。规划、组织、协调和指导各单位开展标准体系建设工作，通过顶层设计、自上而下的统筹推进公司统一标准体系建设。

（1）标准体系建设规划，并组织实施；

（2）完成顶层设计，建立并发布标准体系；

（3）自上而下推进并监督标准体系的执行、反馈与持续改进；

（4）参与各业务领域的国际标准、国家标准、行业标准制（修）订工作。

（二）总部标准化组织机构设置与职责

（1）总部技术、管理、工作标准归口部门及职责。公司技术标准归口部门是生技部，负责归口管理公司技术标准体系。公司管理标准归口部门是企管部，负责归口管理公司管理标准体系。公司工作标准归口部门是人力资源部，负责归口管理公司工作标准体系。

（2）公司技术标准化委员会设置与职责。技术标准化委员会是公司技术标准工作的组织领导机构，由公司总经理担任主任，有关副总经理、总工程师、总信息师、安全总监担任副主任，总部生产技术部、计划发展部、安全监管部、市场营销部、基建部、物资部、科技部、信息部、系统运行部等相关职能部门主要负责人担任成员。主要负责领导公司标准化建设工作，部署公司技术标准工作重大决策，批准公司技术标准年度制（修）订计划和技术标准，协调公司技术标准管理重要事项。

（3）技术标准化委员会办公室设置与职责。设在生产技术部，是公司技术标准管理工作的常设办事机构，由生产技术部主要负责人担任办公室主任，总部相关职能部门人员担任成员。负责公司标准化的日常工作及技术标准化委员会交办的工作，建立公司技术标准体系，编制和下达公司技术标准制（修）订计划，审查公司技术标准大纲、技术标准送审稿；负责公司技术标准编号、发布、出版、归档及复审工作，向国家及行业技术标准主管部门申办公司技术标准备案，协同公司总部有关职能部门，指导公司系统技术标准的宣贯与实施，组织对技术标准实施情况进行监督检查，组织协调国家及行业技术标准主管部门委托的技术标准化工作任务，组织参加行业、国家和国际技术标准化活动，推动公司适时采用行业标准、国家标准和国际标准、国外先进标准，负责公司技术标准信息化管理工作、组织技术标准中心开展相关工作。

（4）总部各部门标准化工作职责。公司总部各部门应指定标准化专职或兼职人员，在本部门主要负责人的领导下，具体处理本部门的标准化业务。负责提出职责范围内技术标准制（修）订计划，提出采用行业标准、国家标准和国际标准、国外先进标准建议，组织起草职责范围内的技术标准大纲、草案、编制说明，开展技术标准征求意见，负责参与审查相关技术标准送审稿，整理提出报批稿，组织职责范围内技术标准的宣贯和实施情况的监督检查。

（5）技术标准中心设置与职责。由技术标准化委员会办公室管理，是公司技术标准管理的技术、信息服务机构。负责完成技术标准化委员会办公室交办的工作，收集整理国际、国家及行业和地方相关技术标准信息，负责公司技术标准信息系统的日常维护和公司技术标准专家库的日常管理工作。

二、省（区、市）公司、直属单位

（一）省（区、市）公司在标准体系建设中的定位

省（区、市）公司是标准体系的执行主体，依据公司总体部署，统筹推进各省（区、市）公司标准体系建设。

（1）贯彻落实国家标准、行业标准和公司标准，实施应用公司标准，及时提出标准修订建议；

（2）在公司标准体系建设规划和计划基础上，积极参与公司标准体系建设和标准制定或修订工作；

（3）参与编制地方标准和外部标准化活动。

（二）直属单位在标准体系建设中的定位

直属单位是公司标准体系的执行主体与建设主体，直属产业单位的标准是公司标准体系的重要组成部分。

（1）贯彻落实国家标准、行业标准、地方标准和公司标准，实施应用公司标准，提出标准修订建议。

（2）协助公司总部制定本单位业务领域标准体系框架、业务名录、流程目录，受总部委托编制本单位业务领域公司标准。

（3）参与地方标准和外部标准化活动，积极采用国际标准或相关行业先进标准。

（三）省（区、市）公司、各直属单位标准化组织机构设置

省（区、市）公司和各直属单位参照总部标准化组织架构设置相应的标准化领导机构和工作机构。领导小组下设标准化办公室，省（区、市）公司标准化办公室

设在企管部，承担标准化办公室职责。省（区、市）公司和直属单位各部门要求有固定的专（兼）职标准化人员。

三、地市及以下公司、直属单位下属公司

（一）地市及以下公司、直属单位下属公司在标准体系建设中的定位

（1）地市及以下公司、直属单位下属公司贯彻落实国家标准、行业标准、地方标准和公司标准。

（2）负责组织实施各项标准，自查公司标准体系在本单位的运行情况。

（3）反馈标准执行过程的建议，推动标准的持续改进。

（二）地市及以下公司、直属单位下属公司标准化组织机构设置

地（市）公司及县公司办公室设标准化专责，负责开展标准化工作，配备固定的标准化专职或兼职人员，按照公司标准化工作总体，组织实施本省（区、市）公司的标准体系并提供实施反馈情况。

各直属单位各下属公司在办公室或其他部门应设标准化专责，负责开展标准化工作，配备固定的标准化专职或兼职人员，按照公司标准化工作总体部署，组织实施本省（区、市）公司的标准体系并提供实施反馈情况。

第三节　南方电网公司标准化工作人才队伍培养

一、健全考核和激励机制

（一）分子公司标准化工作考核

（1）技术标准总得分=技术标准立项得分+完成及时率得分+附加分。

（2）技术标准立项完成值 = Σ立项数×立项标准系数。

完成值小于目标值，技术标准立项得分=（完成值/目标值）×50；完成值达到目标值，技术标准立项得分 50 分；完成值达到挑战值，技术标准立项得分 50 分+附加分 5 分；完成值超过挑战值，且非企标立项数占全部标准立项数 20%、30%、40%、50%、60%及以上，可在技术标准立项得分 50 分+附加分 5 分基础上，再对应获得额外附加分 1、2、3、4、5 分。技术标准立项得分最高分为 50 分+附加分 10 分。

（3）完成及时率得分 = 季度完成及时率平均值×50。

（4）指标综合得分最高 120 分。

（二）标准化工作激励机制

完善激励机制，对为南方电网公司技术标准工作做出突出贡献的单位、个人，依据相关规定给予物资或精神奖励。个人标准化工作业绩纳入公司各级技术专家和技能专家实绩评价标准。

（三）标准化成果与学术交流

南方电网公司各部门、省（区、市）公司、直属单位总结和提炼标准化工作的最新成果，标准化委员会组织专家对优秀成果进行审核和评估，表彰已发布的优秀标准，及在标准实施推广过程中有创新贡献者，颁发"标准化创新贡献奖"，鼓励开展标准化研究及推动成果向实践应用提炼与转化。开展国际、国内标准化学术研讨会，学习和借鉴国内外标准化工作的先进经验；开展南方电网公司内部标准化建设成果交流活动，推广标准体系建设优秀经验与方法。

二、完善人才队伍建设

（一）加快专业人才队伍建设

研究制定技术标准管理和技术专业人才选拔、培养、使用和激励等配套制度，营造人才脱颖而出的良好环境，构建一支数量充足、结构合理、素质优良的技术标准化人才队伍。吸收南方电网公司系统具有较高研究能力和水平的专家,加大复合型国际标准化人才培养和引进力度。利用南网科研院、能源院及各分子公司电科院等单位培养平台,大力培养一批懂标准、懂技术、懂外语、懂规则的复合型国际标准化人才;不断拓宽联合培养渠道,建立多层级、立体式技术标准人才培养体系,形成覆盖全面的复合型人才梯队。

(二)加强标准化技术支撑

统筹整合网内外资源,建立完善标准化服务体系。拓展标准研发和标准实施咨询服务,开展先进标准化理论的实践应用研究,加强标准的培训、解读、咨询、技术服务,培育发展南方电网公司技术标准管理支撑力量,全方位支撑公司技术标准化工作。

三、积极参与国际标准化工作

南方电网公司充分发挥标准国际化工作在"一带一路"建设中的支撑作用,根据《标准联通共建"一带一路"行动计划(2018—2020 年)》《电力行业贯彻落实标准联通共建"一带一路"行动计划(2018—2020 年)实施方案》《中国南方电网有限责任公司标准化战略纲要》等文件,编制《南方电网标准国际化行动方案》,多年来与 IEC、IEEE 等国际标准化组织持续开展紧密合作。

(一)积极推荐南方电网公司领导承担国际标准化组织工作组召集人职务

目前南方电网公司共有国际标准化组织工作组召集人 4 人次,饶宏为 IEC TC 22/SC 22F/AHG 5 工作组召集人,朱继忠为 IEEE PES SBLC China WG 等 3 个工作组的召集人。工作组召集人负责制订标准编制计划,安排工作组会议,联系并协调各专家的分工与合作,任职资格条件较高。召集人职位的获取,是引领国内先进技术标准向国际标准转化的良好开端,对于公司争取相应国际标准编制的主导地位、提升话语权具有重要意义。随着南方电网公司在直流输电技术领域的深入研究,其技术实力不断增强,目前正由南网科研院争取向 IEC 推荐专家担任直流输电过电压及绝缘配合标准工作组的召集人。

（二）积极推荐南方电网公司技术骨干申报国际标准化组织注册专家

据统计，南方电网公司目前在 IEC 及 IEEE 各工作组注册专家合计 66 人次。注册专家作为国际标准化组织工作组成员，配合工作组召集人开展标准制定工作。拟参加工作组的专家，需首先向国内技术对口单位提出申请，国内技术对口单位负责对专家进行资质审查，并经国务院标准化主管部门审核后，统一对外报名注册。

第四章 南方电网公司安全生产与标准化的关系

第一节 南方电网公司安全生产对标准化的需求

一、标准化是南方电网公司安全生产的基本保障和基础

《辞海》对"安全生产"的解释为：为预防生产过程中发生人身、设备事故，形成良好劳动环境和工作秩序而采取的一系列措施和活动。《中国大百科全书》对"安全生产"的解释为：旨在保护劳动者在生产过程中安全的一项方针，也是企业管理必须遵循的一项原则，要求最大限度地减少劳动者的工伤和职业病，保障劳动者在生产过程中的生命安全和身体健康。后者将安全生产解释为企业生产的一项方针、原则和要求，前者将安全生产解释为企业生产的一系列措施和活动。按照现代系统安全工程的观点，从一般意义上讲，安全生产是指在社会生产活动中，通过人、机、物料、环境的和谐运转，使生产过程中潜在的各种风险和伤害因素始终处于有效控制状态，切实保护劳动者的生命安全和身体健康。

党和国家高度重视安全生产，特别强调安全生产事关人民福祉，事关经济社会发展大局。安全生产是经济社会发展的重要基础和保障。电力在国民经济和人民生活中有极重要的地位和作用。电网安全稳定是电网企业的生命线，是电网企业做好一切工作的重要基础和最基本的前提。电力生产具有与其他行业不同的显著特点：发、输、变、配、供、用电同时完成，系统高度复杂，要求具有高度的可靠性，高

度统一的规范管理，知识、技术、资金的高度密集等。电能的生产、输送、分配以及转换为其他形态能量的过程是同时进行的，电能无法大量储存（少量蓄能电站的建设成本昂贵且损耗大），电力系统瞬间生产的电力必须在同一瞬间平衡使用。电力生产发电、供电、用电在同一时间内完成的特点，决定了发电、供电、用电要保持瞬时平衡性。电力行业是高度集中统一的行业，必须实行统一的调度、统一的技术参数（电压、频率、功角等）、统一的管理规定，统一的电力设备采购、安装、启动、检修、停运的标准。电力系统的这些行业地位和先天特点都决定了其必须有标准化作为基础保障和关键支撑。

通常我们说电网企业安全生产要实现人身安全、电网安全和设备安全三个方面的目标，即所谓做好"人身、电网、设备"三大安全风险管控，实现"保人身、保电网、保设备"。

人身安全，是电力安全生产的重要组成部分，关系到千家万户的幸福和社会发展稳定问题。人身安全事故的发生，一方面使本来一个完整的、可以美满幸福的家庭变得支离破碎，给亲人的心灵带来创伤；另一方面会影响其他员工的工作积极性，甚至产生不良的社会影响和政治影响，并会消耗不必要的人力、物力、财力，给国家、给企业带来损失。由于电力行业的生产特点，电力生产运行作业环境中的电力设备、运行操作、带电作业、高处作业、易燃易爆物品等危险源都大量存在，涉及专业领域非常多，发生人身事故的风险很大。电网安全方面，由于电网天然存在的公用性特点，电网事故影响面大、蔓延速度快、后果严重。大的电网事故可能造成几个区域全部停电，进而带来政治、经济混乱，甚至危及国家安全，而且电网事故从开始发生到电网崩溃瓦解，一般在几分钟甚至几秒钟即告结束。电力用户分布在各行各业、千家万户，电网安全生产的最终目的是为广大客户提供安全、可靠、优质的电力供应，保障用户特别是高危和重要用户的安全可靠供电，防止因电网安全事故引发的次生灾害。在设备安全方面，电力是资金和技术密集性行业，电力设备造价高、技术成本高，在系统运行中任何设备发生事故都可能会造成供电中断、设备受损、人员伤亡，使国家经济、社会发展、生产生活遭到严重损失，也会直接导致电网事故。

因此，如何做好电网安全生产以保障电网安全稳定运行的难题应运而生。标准化为解决该难题提供了有力支撑。电力系统历经多年已经发展成为一个高参数、大容量的资金密集型、技术密集型系统，发、输、变、配、供、用电同时完成，要保证这样一个复杂系统安全、稳定、经济、高效运行，必须有一系列技术标准来规范、控制和协调无数设备的正常运行。随着电力科学技术的进步和新产品、新技术的广泛应用，技术标准也在不断发展和提高，只有使技术标准化贯穿于电力企业各项技术工作的全过程，发挥技术标准在电力企业现代化管理和电网规划、设计、建设、运行、维护与技术升级改造中的关键作用，使用有效、适用的技术标准系统来协调控制电网的运行参数，才能保证供电系统的安全、稳定、经济运行，提高电力企业的经济效益。因此，标准化建设是强化科学管理的基础，是实现电力企业发展方式转变的重点工作，是提高电力系统安全稳定运行水平和电力企业管理水平的重要保证。

标准化是为了在既定范围内获得最佳秩序，促进共同效益，对现实问题或潜在问题确立共同使用和重复使用的条款及编制、发布和应用文件的活动。标准化作为生产社会化和管理现代化的技术基础，可以使技术参数、要求、规范、程序达到统一，为社会化大生产的统一协调，为科学管理、信息传递提供技术保障。现代化企业发展离不开标准化，标准化工作是企业的一项综合性基础工作，贯穿于企业整个规划、基建、采购、生产、营销活动的全过程。在成功应用好国家标准、行业标准甚至国际标准的同时，建立健全企业自身的标准体系也是现代企业发展的必由之路，是企业加快技术和管理创新抢占市场竞争制高点的必然选择，是现代化企业实现高效管理、价值思维的制胜武器。对于生产型企业而言，企业要实现良好的生产经营秩序，节能降耗，降低成本，提高经济效益和社会效益，必须具备坚实的技术标准体系和管理标准体系。

标准化管理在现代企业管理中处于重要地位，电力行业/企业对此的认识尤为深刻。电力系统的行业性质决定了其在安全管理、生产管理、设备管理和人员管理方面更加严格。建立企业标准化管理体系，实施标准化管理是发电企业实现健康发展、高速发展和高效发展的重要途径。

这里以电力系统中对安全生产影响最为频繁的安全生产活动——现场作业为例，说明标准化是如何为安全生产提供基本保障和基础支撑作用的。现场标准化作业是以企业现场安全生产、技术和质量活动的全过程及其要素为主要内容，按照企业安全生产的客观规律与要求，对现场作业活动的每一个具体步骤和环节进行细化、量化和标准化，制定作业程序标准和贯彻标准的一种有组织的活动。开展现场标准化作业，核心是规范现场作业流程标准化建设和全过程控制，更加注重超前策划、危险点分析及预控，确保现场作业任务清楚、危险点清楚、作业程序清楚、安全措施清楚。做到人员到位、措施到位、执行到位、监督到位，最终达到安全生产可控、能控、在控的目标，是生产管理长效机制的重要组成部分。现场标准化作业指导书、标准化作业表单等是开展现场标准化作业的具体形式。

现场标准化作业指导书是对每一项作业按照全过程控制的要求，对作业计划、准备、实施、总结等各个环节，明确具体操作的方法、步骤、措施、标准和人员责任，依据工作流程组合成的执行文件。标准作业卡将原本复杂烦琐的作业流程用简单的文字标注在作业卡片上，突出关键点控制，使关键工序质量得到有力保障，让作业人员一目了然；同时又明确了作业各环节的管理流程，简化了不必要的重复环节。

近年来，学界比较认同的事故直接原因不外乎人的不安全行为（或失误）和物的不安全状态（或故障）两大因素。即人与物两系列运动轨迹的交叉点就是发生事故的"时空"，"轨迹交叉论"应运而生。一般情况下，伤亡事故是人的不安全行为与物的不安全状态轨迹之交叉，是一种不希望有的能量转移。人的不安全行为和机械或物质危害是人—机"两方共系"（两方面共存在一个系统中）能量逆流的两系列，其轨迹交叉，必然构成事故。倘若排除了机械设备或处理危险物质过程中的隐患，消除了人为疏忽，则两个联锁系列进行方向转换，事故系列的联锁中断，两系列运动轨迹则不能相交，危险就不会出现，即可实现安全生产。

标准化作业，就是通过对现代作业方法的每一操作和每一步骤（动作）进行分析，以各项技术标准规程规范、生产技术和实践经验为基础，运用现代生理学、心理学、人机工程学原理，从安全保障和提高生产效率的角度进行改善，形成一种安全、规范、优质、高效的作业方法，并要求作业者在生产作业中按照规定的作业程序和动作标准作业，即所说的"只有规定动作，没有自选动作"，从而逐步达到安全、准确、高效、省力的作业效果。标准化作业把整个作业过程分解为有内在联系又相互制约的自然步骤，按程序排列起来，同时在每个程序上规定出动作标准，即作业内容表明做什么；作业步骤表明怎么做，先做什么，后做什么；动作标准指明做的要求；记分考核指明做得如何。通过一系列约束将人的行为限制在标准动作之中，避免不规范动作的产生。这样，标准化作业把原本显得分离的、生硬的，难以接受和掌握的规章制度、生产技术和实践经验巧妙地、有机地融汇在作业者的每一项具体作业行动之中，变成一种具体的、明确的、自然的行为标准正面提供给作业者。作业者只要遵循这一行为模式，反复练习就可以从模仿反射逐渐无意地过渡到条件反射，形成新的良好作业习惯和熟练的作业技能。作业者只要经常依循标准化作业程序的方法、顺序进行作业，即使作业者不常常把安全放在心上进行作业，结果作业本身也自然安全，当然，这是控制人为失误的理想目标。

二、标准化程度代表了电网企业安全生产的水平

电力系统的基础地位和其生产运行的复杂性、安全生产的重要性、对经济社会发展的影响已经得到普遍认同。那么如何衡量和比较、评价电力企业安全生产的水平呢？标准化程度是一个重要的指标。

标准化是制定标准、实施标准并进行监督管理的过程。由于标准的应用十分广泛，标准化的作用也体现在方方面面。在保障安全、健康、环保等方面，标准化具有底线作用。国家和行业制定强制性标准的目的，就是保障人身健康和生命财产安全、国家安全、生态环境安全。强制性标准制定得好不好，实施得到不到位，事关人民群众的切身利益。在促进经济转型升级、提质增效等方面，标准化具有规制作用。标准的本质是技术规范，在相应的范围内具有很强的影响力和约束力，许多产品和产业，一个关键指标的提升，都会带动企业和行业的技术改造和质量升级，甚至带来行业的洗牌。在促进经济转型升级、提质增效等方面，标准化具有规制作用。标准的本质是技术规范，在相应的范围内具有很强的影响力和约束力，许多产品和产业，一个关键指标的提升，都会带动企业和行业的技术改造和质量升级，甚至带来行业的洗牌。

我国参与国际标准化活动水平的持续提升，见证了我国经济、生产、科技水平的飞速发展。近年来，我国先后成为 ISO 和 IEC 的常任理事国以及 ISO 技术管理局的常任成员，2014 年我国专家、鞍山钢铁集团总经理张晓刚先生当选 ISO 主席，2018 年华能集团董事长舒印彪先生当选 IEC 主席，我国专家赵厚麟先生现任 ITU 的秘书长。

标准化是保障电力系统安全生产的一个极其重要的工具。在日趋复杂、安全需求大、经济社会地位高的电力系统，没有标准、不执行标准是不可想象的。南方电网公司制定了标准化的中长期发展战略：制定和实施统一的技术标准体系，实现横向到边、纵向到底的统一、规范管理。南方电网公司的资产全生命周期管理体系的导则是以技术标准为主线，构建统一技术标准。

国家相关规章明确电力企业不得无标准作业。电力行业应在以下方面建立标准：

（1）电力工程勘测、规划、设计、施工、安装、调试和验收；

（2）电力设备及系统运行、检修、试验和维护；

（3）电力行业产品制造、组装、检测和质量保证；

（4）电力设备、材料、原料、燃料、工质、装置仪表的试验、测量、监督、质量评定和订货技术条件；

（5）电力行业引进技术和进口设备的技术条件；

（6）电力建设和生产的劳动保护、安全；

（7）电力工业环境保护、节能和资源综合利用；

（8）电力工业计算机应用与信息技术；

（9）电力调度自动化、通信和网络；

（10）电力工业技术管理、技术术语、符号、代码和制图方法；

（11）电能质量；

（12）电力工业计量器具检定；

（13）电力行业其他有关标准。

电力标准分为强制性标准和推荐性标准。

前文提过，电网企业安全生产要实现人身安全、电网安全和设备安全三方面的目标，或者说要从人员的安全状态、电力设备安全状态、电网安全状态三个方面开展安全生产风险的评估和管控。可以说这三个方面基本决定了企业的安全生产水平。

电力设备的安全经济运行是电力系统安全稳定运行的一个极其重要的环节。随着技术的快速发展，现代化的电网朝着大容量、高电压、区域互联的方向发展，进而带来了电力设备的高参数、大容量、复杂化。电力设备的安全运行对电力系统的影响越来越大。电力行业传统的做法是通过检修（试验）来保证电力设备的安全运行，一直以来，电力设备的出厂试验、交接试验、预防性试验、设备巡检、故障维修按照各项国标、行标开展工作，近些年电网企业在国标、行标的基础上制定了企业标准。企业标准技术要求一般高于国标、行标，且更能满足企业生产实际的特殊要求，如针对不同海拔地区、台风多发地区、冰冻灾害地区、沿海腐蚀性气候地区等制定不同的技术条款和内容。显然，电网企业的标准化程度直接影响了企业的安全生产水平。我国电力行业设备维护的指导性文件是《电气设备预防性试验规程》，该规程确定的原则在设备状态分析和评估中依然在广泛应用。一个明显的不足是，预评估的数据较为简单，仅有合格和不合格两种数据结论，无法指导企业设备运维人员对设备进行深入细致的状态评估。近些年学术界在电力设备状态评估领域开展了较多的研究，但是无论是行业层面还是企业层面均没有高水平的标准化成果。因而电力企业在生产实际中设备状态评估工作开展的效果不太理想，设备事故事件频繁发生，设备运维人员疲于应对。

随着科技和电力行业的快速发展，电力设备出现高电压化、大电流化、结构复杂化、密封化的趋势，导致原有的一些技术标准不能很好地适应新形势下安全生产的需要。以广东电网为例，标准化方面困扰企业安全生产的问题包括设计标准低、无标准，或者有标准不执行，带来设备和电网不安全。部分变压器类设备抗风防汛设计标准低，防灾能力存在不足。变压器附件到期不修，无依据也无检修内容。变电设备专业对反事故措施落实还未完全到位，甚至出现因为反事故措施落实不到位引发设备故障的案例。开关类设备无标准、部件标准缺失，制约设备安全生产水平。GIL 是未来电网建设的重要设备，采购量逐渐增大，但目前尚无统一技术规范，对 GIL 的结构型式、试验要求等尚无标准可依，给 GIL 的采购和质量控制带来极大困难。零部件质量不良是造成开关类设备（断路器、敞开式隔离开关、GIS、开关柜）事件的重要原因之一，但目前针对零部件特性检测的技术手段和标准存在缺失，无法系统开展工作。

因此，标准化方面的工作成效直接影响了安全生产工作，安全生产工作的提升有赖于标准化，标准化程度代表了安全生产水平。

第二节 南方电网公司安全生产中的标准体系建设

一、安全生产标准化建设的目的和意义

标准是经济活动和社会发展的技术支撑,是国家治理体系和治理能力现代化的基础性制度。企业的安全生产标准化是指企业通过落实安全生产主体责任,全员全过程参与,建立并保持安全生产管理体系,全面管控生产经营活动各环节的安全生产与职业卫生工作,实现安全监控管理系统优化、岗位操作行为规范化、设备设施本质安全化、作业环境器具定置化,并持续改进。

通过标准化工作,可以实现管理与技术的统一,从而获得最佳的生产秩序和经济效益安全生产标准化,顺应了安全监管和安全管理发展的趋势。

国家有关安全生产法律法规明确要求,严格企业安全管理,全面开展安全达标。《中华人民共和国安全生产法》对生产经营单位在遵守法律法规、加强管理、健全责任制和完善安全生产条件等方面做出了明确规定,同时还明确了生产经营单位主要负责人、安全管理人员和其他从业人员的安全生产责任。企业是安全生产的责任主体,也是安全生产标准化建设的主体,要通过加强企业每个岗位和环节的安全生产标准化建设,不断提高安全管理水平,促进企业安全生产主体责任落实到位。安全生产标准化工作要求企业将安全生产责任从企业的法定代表人开始,逐一落实到每个基层单位、每个从业人员、每个操作岗位,强调安全生产工作的规范化和标准化,建立起自我约束机制,主动遵守各项安全生产法律、法规、规章、标准,从而真正落实企业作为安全生产的主体责任,保证企业的安全生产。

二、安全生产标准化对企业发展的促进

电网企业开展安全生产标准化活动,能进一步促进落实企业安全生产主体责任,改善安全生产条件,提高管理水平,预防事故,对保障生命财产安全有着重大

意义，是落实企业安全生产主体责任制的必要途径。

安全生产标准化是强化企业安全生产基础工作的长效制度。安全生产标准化建设涵盖了增强人员安全素质、提高装备设施水平、改善作业环境、强化岗位责任落实等各个方面，是一项长期的、基础性的系统工程，有利于全面促进企业提高安全生产保障水平。安全生产标准化借鉴了以往开展质量标准化活动的经验，要求企业自觉坚持"安全第一，预防为主，综合治理"的方针，落实主体责任，建立健全安全生产责任制、安全生产规章制度和操作规程，提高本质安全水平和安全管理水平，企业各个生产岗位、环节、人员、机器设备、物品材料、环境等各个方面的安全工作，必须符合法律、法规、规章、规程的要求，达到和保持一定的标准，使企业生产始终处于良好的安全运行状态，以适应企业发展的需要，满足从业人员安全生产的愿望。

安全生产标准化是有效防范事故发生的重要手段。开展安全生产标准化工作，就是要求企业加强安全生产基础工作，建立严密、完整、有序的安全管理体系和规章制度，完善安全生产技术规范，使安全生产工作经常化、规范化、标准化。

开展安全生产标准化建设，能够进一步规范从业人员的安全行为，提高企业的机械化和信息化水平，促进现场各类隐患的排查治理，推进安全生产长效机制建设，有效防范和坚决遏制事故发生，促进安全生产状况持续稳定好转。安全生产标准化是以隐患排查治理为基础，强调任何事故都是可以预防的理念，将传统的事后处理转变为事前预防。要求企业建立健全岗位标准，严格执行岗位标准，杜绝违章指挥、违章作业和违反劳动纪律现象，切实保障广大人民群众生命和财产安全。

安全生产标准化是维护从业人员合法权益的重要体现。安全生产工作的最终目的是保护人民群众的生命财产安全，安全生产标准化是企业安全生产工作的基础，是提高企业核心竞争力的关键。安全生产工作做不好，安全生产没有保证，企业不仅没有进入市场、参与竞争的能力，甚至会被关闭、淘汰，生存发展就成为一句空话。只有抓好安全生产标准化，做到强基固本，才能迎接市场经济的挑战，在市场竞争中立于不败之地。

安全生产标准化是企业树立良好社会形象的需要。一个现代化企业，除了它的经济实力和技术能力，还应具有强烈的社会责任感，树立对职工安全和健康负责的良好社会形象。现代企业在市场中的竞争不仅是资本和技术的竞争，也是品质和形象的竞争。因此，开展安全生产标准化将逐渐成为现代企业的普遍需求。通过开展安全生产标准化建设，一方面可以改善作业条件，增强劳动者身心健康，提高劳动效率；另一方面由于有效地预防和控制了工伤事故及职业危险、有害因素，对企业的经济效益和生产发展也具有长期的积极效应。

三、如何开展安全生产标准化建设

企业开展安全生产标准化工作，应遵循"安全第一、预防为主、综合治理"的方针，落实企业主体责任。以安全风险管理、隐患排查治理、职业病危害防治为基础，以安全生产责任制为核心，建立安全生产标准化管理体系，实现全员参与，全面提升安全生产管理水平，持续改进安全生产工作，不断提升安全生产绩效，预防和减少事故的发生，保障人身安全健康，保障生产经营活动有序进行。

安全生产标准化的基本要求，是企业在生产经营和管理活动过程中，自觉贯彻执行有关安全生产法律、法规、规程、规章和标准，依据这些法律、法规、规程、规章和标准制定本企业安全生产方面的规章、制度、规程、标准、办法，并在企业生产经营管理工作的全过程、全方位、全员、全天候地切实贯彻实施，使企业的安全生产工作得到不断加强并持续改进，使企业的本质安全水平不断得到提升，使企业的人、机、料、环始终处于和谐并保持在最好的安全状态下运行，进而保证和促进企业在安全的前提下健康快速地发展。

安全生产标准化建设中要特别关注几个问题：安全生产标准化应以要素方式运用 PDCA 循环动态管理，点面结合、条块结合、循环滚动、持续改进，整个标准化体系是一个大的循环，每个要素内部是一个一个的小循环，大循环是小循环的母体和依据，小循环是大循环的分解和保证，经过层层循环，科学系统地将安全生产管理各项工作有机地联系起来。工作中要统筹规划周密部署，建立系统化思想，实现企业各部门、各层级密切配合有机协调。安全生产标准化是一项系统工程，13个要素涵盖了安全生产管理各方面的工作，在标准化建设过程中要体现"全员、全过程、全方位"的原则。同时要避免两个误区，不能有急功近利的思想，避免安全管理部门"包办式""保姆式"管理。

电网企业开展安全生产标准化建设，可以通过将安全生产标准化的各个要素按照安全生产管理要素进一步分类，细化安全生产管理过程、工具和手段的要求，使安全生产标准化建设工作与企业安全管理有效融合，形成可持续的、可复制的管理模式，有效实现安全生产管理对象、管理过程的全面覆盖，并保证安全生产管理工作持续有效。

四、南方电网公司安全生产标准化的实践

近年来，南方电网公司认真贯彻落实国务院《关于印发深化标准化工作改革方案的通知》（国发〔2015〕13 号）和《中华人民共和国标准化法》，积极响应中电联《电力企业实施标准化战略倡议书》，按照"需求引导、整体规划、有序推进、重点突破"的工作思路，加强公司技术标准工作的顶层设计，夯实公司技术标准工作基础；积极推进技术标准体系四全覆盖及高效应用，全力推动技术标准有效支撑公司业务发展；提高标准编制质量，有序开展国际标准、国家标准、行业标准、团体标准、企业技术标准的制（修）订。在多方面开展富有成效的工作。

（一）开展顶层设计，明确工作方向

组织编制了《南方电网公司技术标准战略纲要》，明确了南方电网公司标准化战略目标，建成支撑"两精两优，国际一流"公司战略目标的新型技术标准体系，标准有效性、先进性和适用性显著增强。标准化运行机制更加健全，标准化服务发展更加高效，形成创新驱动有标支撑、转型升级有标引领的新局面，推动公司高质量发展；"南网标准"国际影响力和贡献度大幅提升，南方电网公司成为国内外能源电力领域标准的重要参与者，提出了六大关键任务和配套 51 项工作要点。

（二）强化管理落地，夯实管理基础

印发《南方电网公司技术标准管理规定》，组织筹备规划建设、运行与控制、运维检修、安全监管、电力营销、信息 6 个专业工作组；完善了标准制（修）订全过程管理，首次召开月度公司技术工作协调会议，并形成常态工作机制，加强了各专业横向协同，提升了标准编制质量；重点补充了标准化工作的激励机制，在 2018 年年底首次组织开展了南方电网标准创新贡献奖评审，将技术标准创制和实施工作纳

入绩效考核，调动了标准化工作者的积极性和创造性；强化标准实施监督，深入设备制造单位开展专项监督，开展标准协调性梳理，分析 73 项差异条款原因并明确执行意见，避免执行矛盾。

（三）完善标准体系，实现四全覆盖

修编《南方电网公司技术标准体系表》，收录标准共 10 093 项，其中含企业标准 404 项、行业标准 4284 项、国家标准 4051 项，团体标准 127 项，国际标准 1227 项；创新构建《南方电网公司技术标准体系——资产全生命周期映射表》《技术标准体系规划表》，将各项资产所涉及的技术标准划分到规划、设计、采购、建设、运维、修试、退役等 7 个阶段，加强了对资产全生命周期管理的支撑作用；组织开展直流、OSII、防灾等技术标准子体系建设，实现技术标准体系"全专业、全过程、全方位、全层次"覆盖。

（四）加强标准培训，提升服务水平

组织开展公司技术标准工作培训，宣贯标准化重要政策文件、各级标准制（修）订计划申报技巧和编制要求等内容；编制技术标准化培训教材；完成公司资产管理系统中技术标准管理模块、标准信息 App 移动应用、标准信息系统二期开发，更便于公司各级员工对技术标准进行管理、查询以及问题反馈。升级改造了公司技术标准信息平台，平台浏览量已达 270 余万人次。

（五）创新工作方式，打造南网品牌

获批南网首个全国标准化技术委员会（电力需求侧管理），推进电力行业综合能源和电力设施智能巡检标准委员会建设，加强电力行业电力电容器标准委员会运行管理，系统分析现有标准化技术委员会技术领域空白，形成《技术标准化委员会梳理工作报告》；组织申报国家、行业标准类奖项，其中直流融冰系列标准、配电网防风系列标准获 2018 年中国电力创新奖标准类一等奖；组织申报国家技术标准创新基地（直流输电及电力电子技术）已通过专业答辩，待国标委正式批复成立，下一步将依托创新基地，积极主动打造并共享国际一流的国家级直流输电与电力电子技术标准平台。

第三节　南方电网公司安全风险管理体系标准化

南方电网公司作为世界 500 强企业，积极对标国际先进企业，从 2007 年开始探索建立了一套与国际接轨又具有南方电网特色的安全生产风险管理体系。电力企业安全生产标准化强调电力企业生产各环节符合有关的安全生产法律法规和标准规程规范的要求，对应南方电网公司安全生产风险管理体系的"安全生产法律法规与其他要求"，确保企业对所有相关的法律法规与其他要求的依从，这是体系的基础工作，是体系工作有效运转的有效保障。联系业务实际将标准化的具体要求有机地融入体系中，可以使体系各项工作更加符合法律法规和标准规范的要求，更加规范。

标准化与安全生产风险管理体系融合可以使许多方面的工作目标同时实现，可以为企业节省许多人力物力的投入，大力帮助企业降低经营运行成本。如果标准化与体系不能很好地融合而是割裂开来，分别建立和运行将带来许多矛盾和问题。如果企业标准化与体系推进机构和管理文件分离，将会出现两者要求不一致及在许多日常工作安排上的冲突，也将会出现同一件事情重复管理，将会造成资源的很大浪费；经常进行审核也会引起企业员工的心理抵触情绪，员工层面也期望标准化与体系能够有效融合。

2017 年年底已经发布的南方电网公司《安全生产风险管理体系（2017 年版）》与《电网企业安全生产标准化规范及达标评级标准》，具备融合的可能性。体系重在管理理念和方法，搭建了安全生产管理框架，体现系统防范风险、安全关口前移的管理特点；标准化则重在管理与执行的合法合规性，以岗位达标、专业达标和企业达标为重点内容，强化安全基础。两者有机互补，做同一件事，能有效提升企业本质安全水平。

安全生产风险管理体系的核心思想是"基于风险、系统化、规范化、持续改进"，以风险控制为主线，以 PDCA 闭环管理为原则，系统地提出了安全生产管理的具体内容，指明了风险管控的目标、规范要求与管理途径，为管理与作业的规范提出了具体的工作指导。而标准化也是遵循 PDCA 闭环管理的原则，采取"策划、实施、检查、改进"动态循环的模式，通过自我检查、自我纠正和自我完善，建立安全绩效持续改进的安全生产长效机制。安全生产标准化体系是通过建立安全生产责任制，制定安全管理制度和操作规程，排查治理隐患和监控重大危险源，建立预防机制，规范生产行为，使各生产环节符合有关法律法规要求，人、机、物、环处于良好的生产状态。整套安全生产标准化体系通过管、人、机、环四个方面进行体系建立，包括以安全生产责任制为核心的基础管理，与人员相关的教育培训、劳动保护、操作规范，设备设施、工具的安全状态，作业环境的合规性。

标准化与安全生产风险管理体系的核心思想一脉相承。安全生产标准化核心思想主要是强调企业安全生产工作的规范化、科学化、系统化和法制化，强化风险管理和过程控制，注重绩效管理和持续改进。这和安全生产风险管理体系"基于风险、系统化、规范化、持续改进"的核心思想一脉相承，适应当前电网企业发展的客观需要。

标准化与安全生产风险管理体系的目的具有一致性。通过标准化建设，希望能够实现一般事故隐患得到及时排查治理，重大事故隐患得到整治或监控，职工安全意识和操作技能得到提高，"三违"现象得到有效禁止，企业本质安全水平明显提高，防范事故能力明显加强，最终实现电网企业安全生产绩效提高的目的。

安全生产风险管理体系以风险控制为主线，以 PDCA 闭环管理为原则。体系遵循国际通用的"风险识别、风险评估、风险控制、风险回顾"风险管控模型，提出了电网、设备、作业、环境与职业健康风险管控的内容、目标与途径，强调事前风险分析与评估、事中落实管控措施、事后总结回顾与整改，最终达到风险超前控制和持续改进，实现南方电网公司安全生产绩效提高的目的。

标准化与体系的管理架构具有相似性。安全生产标准化是通过建立并落实安全生产责任制，制定安全管理制度和操作规程，排查治理隐患和监控重大危险源，建立风险分析和预控机制，规范生产行为，使各生产环节符合有关安全生产法律法规和规范要求，人、设备、环境、管理处于良好状态，并持续改进。电网企业安全生产标准化核心要求及评分标准包括电网企业安全生产目标，隐患排查治理，危险源辨识及（重大）危险源监控，绩效评定和持续改进等十三个方面。安全生产风险管理体系以作业和系统风险为主脉络，控制电网生产活动的相关风险，建立起系统化的管理架构。针对电网企业的安全生产风险管理，设计了 13 个管理单元（组织管理，人力资源，风险辨识与管控，规划与建设，设备管理，系统运行管理，物资与相关方管理，作业环境，生产用具，作业管控，环境与职业健康管理，应急与事故/事件管理，检查、审核与改进）66 个要素。13 个单元指出了安全生产需要管理的范围，66 个要素明确了需要具体管理的工作内容，管理节点指出了要素的管理关键点/流程节点，对电网企业安全生产各个环节进行管理，覆盖电网企业安全生产全过程。标准化与安全生产风险管理体系的管理架构较为类似，标准化各个管理节点在体系中都能找对应的管理内容。

通过逐项分析对比标准化与体系内容的差异：标准化所包含的 13 个一级要素体系基本全覆盖，极少数要素或节点内容需要根据实际调整衔接。因此，认真落实体系工作的相关要求基本上可以满足标准化的要求。标准化对各个管理节点，在专业技术方面的要求更具体，操作方法更加明确，扣分标准更加量化，可以把标准化的具体要求融入体系文件中来。对于标准化单独具有或难以融合的方面，只需在统一的文件框架下，补充编制有关文件即可。

安全风险管理体系和标准化二者在本质上是相互促进、互不排斥的。在安全生产管理实践中，可以根据企业的业务特点和实际情况，以其中一个为基础框架，然后将另一个融合到业务管理体系，使其成为一套更加完善的融合管理体系，可以大力促进企业管理效率提升。

第五章 南方电网公司面向安全生产的标准化行动方案

标准是经济和社会需要统一的技术要求,是科学技术传播和创新成果产业化的桥梁与媒介,是促进产业结构调整和优化升级的重要工具,是企业发展的重要战略资源和核心竞争力的重要体现。

党中央高度重视标准化工作,全面推进实施标准化战略。近年来,南方电网公司深入学习领会习近平总书记关于标准化的重要指示精神,贯彻国标委、能源局有关方案和意见,落实公司党组的各项决策部署,持续深化技术标准化工作,技术标准管理机制日趋完善、技术标准体系实现"四全覆盖"、关键领域国际标准实现"零"突破,公司标准的规范化水平、内部权威性、对外影响力均稳步提升。

然而目前,南方电网公司技术标准化发展水平与公司创建世界一流企业的战略目标仍有一定差距,具体表现在技术标准化管理体系仍需完善、技术标准质量有待提升、标准执行落地缺乏有效监督、标准外部影响力仍需增强、标准化人才梯队尚未形成等方面。为全面贯彻落实公司发展战略纲要,进一步坚持和完善现代管理体系,推动公司标准化水平全面提升,充分发挥标准化在公司治理、推动高质量发展和"三商转型"中的重要作用,南方电网公司提出面向安全生产的标准化行动方案。

第一节 南方电网公司标准化行动目标

一、南方电网公司标准化指导思想

以习近平新时代中国特色社会主义思想为指导,全面贯彻国家、行业标准化战略部署，践行南方电网公司新时代企业文化理念，紧扣创建世界一流企业战略目标，围绕提升公司治理体系和治理能力现代化水平、提升质量效益、确立生态运行秩序，构建"两个体系、两个机制"，打造"南网标准"品牌，以标准化助力南方电网公司向智能电网运营商、能源产业价值链整合商、能源生态系统服务商转型，为南方电网公司加快建设成为具有全球竞争力的世界一流企业提供坚强保障。

二、南方电网公司标准化行动目标

到 2022 年，全面提升南方电网公司技术标准管理、编制、实施、服务能力，基本建成支撑公司建设具有全球竞争力的世界一流企业战略目标的新型技术标准体系，标准有效性、先进性和适用性显著增强。技术标准化运行机制更加健全，技术标准质量显著提升，技术标准化服务发展更加高效，形成创新驱动有标支撑、转型升级有标引领的新局面，推动南方电网公司高质量发展。牵头发布国际标准 1 项以上，累计完成国际标准、国家标准、行业标准、团体标准、企业技术标准的制（修）订 1500 项以上；创建国家级标准化示范试点 1 个、电力行业"标准化良好行为企业"10 个以上；新成立国家、行业、团体标委会 3 个以上，参与各级标委会的委员达 600 人次。"南网标准"国际影响力和贡献度大幅提升，南方电网公司成为国内外能源电力领域标准的重要参与者。

第二节　南方电网公司标准化行动原则

南方电网公司标准化行动原则就是四个坚持：坚持问题导向、坚持目标导向、坚持创新驱动和坚持合作开放。

（一）坚持问题导向

深入分析目前南方电网公司技术标准化工作在管理机制、标准体系、外部影响力、人才培养等方面存在的突出问题，有针对性地提出具体行动路线与举措，确保各项措施行之有效。

（二）坚持目标导向

围绕南方电网公司建设成为具有全球竞争力的世界一流企业战略目标,瞄准全球能源电力技术创新前沿,遵循国家政策及市场导向,科学布局重点发展领域,合理规划新型、统一的技术标准体系,加强优势技术领域标准研制力度,提高公司标准技术水平和实际指导能力。

（三）坚持创新驱动

以科技创新为引领,以机制创新为抓手,着力推进科技研发、标准研制和工程应用协同发展,增强技术标准有效供给,支撑南方电网公司实现高质量发展、建设成为具有全球竞争力的世界一流企业。

（四）坚持合作开放

加强与国内外电力行业标准化组织、企业、科研机构、高等院校等的沟通联系,积极寻求标准化深层次合作,共建国家级电力标准创新平台;积极推动"南网标准"国际化,全面提升南方电网公司标准影响力。

第三节　南方电网公司标准化行动路线图

围绕提升南方电网公司技术标准化工作水平,重点构建南方电网公司标准化管理体系和公司技术标准体系,建立公司标准影响力提升机制和标准化人才队伍建设机制,形成"两个体系+两个机制",实施25项关键举措,为南方电网公司加快建设成为具有全球竞争力的世界一流企业提供坚强的标准化保障。南方电网公司标准化行动路线图如图5-1所示。

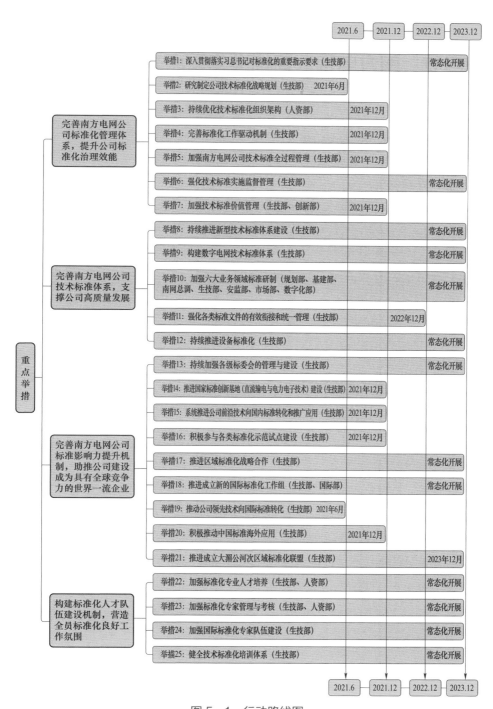

图 5-1 行动路线图

第四节 南方电网公司标准化重点举措和保障措施

一、标准化重点举措

（一）完善南方电网公司标准化管理体系，提升公司标准化治理效能

举措 1：深入贯彻落实习总书记对标准化的重要指示要求

深入学习领会习近平总书记关于标准化的重要论述，牢牢把握新时代推进标准化工作的根本遵循。认真学习《中华人民共和国标准化法》《深化标准化工作改革方案》《关于加快能源领域新型标准体系建设的指导意见》等政策法规，夯实理论基础，提高对标准化工作的认识。落实国家对标准化工作的最新要求，解读提炼公司技术标准化重点承接工作，体现央企责任，定期编制标准化相关政策文件简报并公开发布。密切关注行业标准化发展动态，派员前往中电联标准管理中心挂职，提前布局行业标准化工作。每年策划召开公司与中电联标准化交流工作推进会。

举措 2：研究制定公司技术标准化战略规划

结合国家、行业标准化相关政策，开展南方电网公司技术标准化管理政策体系及战略规划研究，与国内标准化先进咨询机构合作，系统提升公司标准化管理水平。抓好"十四五"技术标准化工作的谋篇布局，加强技术标准化发展规划与公司重大专项规划的互动对接，积极推动将实施技术标准化战略写入各专业管理部门及各分子公司"十四五"发展规划或重点督办工作，把建设推动高质量发展的技术标准体系作为各部门、各单位重要工作任务。滚动修编《公司标准国际化行动方案》，系统指导开展南方电网公司标准国际化工作。

举措 3：持续优化技术标准化组织架构

强化专业负责与标准化管理协同，进一步明确各部门、各单位职责定位及分工，形成南方电网公司技术标准化委员会统一领导，公司生技部牵头标准化管理、总部

各部门负责专业领域，各单位为责任主体协同发展的组织架构，协同推进公司标准化建设。持续优化公司技术标准化组织架构，逐步配备相关专业管理人员。正式成立公司技术标准工作组，持续优化公司技术标准工作组运转机制；稳步建设公司技术标准中心，作为公司标准化管理的专业支撑机构。推动成立各省级公司技术标准办公室（设在生产技术部），并配置技术标准专职管理人员。

举措 4：完善标准化工作驱动机制

健全南方电网公司技术标准激励机制，修订公司奖励管理规定，新增中国标准创新贡献奖、中国电力创新奖、公司技术标准创新贡献奖和标准版权奖，每年开展公司标准化先进个人评选。加强标准化科研、标准制修订经费投入，充分调动标准化工作者的积极性和创造性。研究建立标准化考核机制，将标准颁发及标准化人才培养纳入考核指标。对不同分子公司按照定位设置差异化考核目标，鼓励科研单位加大标准研制力度，提高对主导或联合主导 ISO、IEC、ITU 国际标准的奖励力度。

举措 5：加强南方电网公司技术标准全过程管理

加强标准制（修）订的前期预研，保障标准申报项目的技术成熟度、体系符合度及与已有标准的协调性，提升技术标准立项水平。细化管控要求，加强技术标准制（修）订过程管控，严格落实"月度协调+季度推进"的标准会议机制，加强标准质量管控。建立技术标准编制质量评价规则，定期开展标准质量后评价。强化总部专业人员审核把关，加大标准评审专家的参与度。

举措 6：强化技术标准实施监督管理

完善技术监督体制机制，加强标准实施监督，建立标准实施评价机制，借助公司运营管控平台，结合各专业领域日常监控，加强标准的执行过程监督。定期发布开关、变压器、断路器等各类设备、专业技术监督报告。加强南方电网公司技术标准与国家标准、行业标准等相关技术条款的差异化梳理，研究给出统一意见，解决技术标准协调性及统一性问题。加强技术标准刚性执行，组织公司技术标准实施及问题反馈，系统开展公司技术标准复审及有效性确认工作，实现标准实施反馈闭环管理。

举措 7：加强技术标准价值管理

按照"技术专利化、专利标准化、标准产业化、产业市场化"的产业价值链条，及时将南方电网公司技术、专利转化为技术标准，打通产业价值链，以技术标准支撑实现知识产权输出，充分发挥技术标准价值。建立科技创新与技术标准化协同机制，建立科技成果转化项目库，健全重大科技计划项目中标准快速立项的机制，推动重大攻关项目与标准同步立项，加快创新成果向技术标准转化。成立重点技术领域标准创新团队，增强标准化工作策划能力。

（二）完善南方电网公司技术标准体系，支撑公司高质量发展

举措 8：持续推进新型技术标准体系建设

每年修编印发南方电网公司技术标准体系表、标准体系资产全生命周期映射表，为技术标准在公司系统的贯彻执行、公司技术标准年度制（修）订计划和长远规划提供参考依据。

举措 9：构建数字电网技术标准体系

推动成立中电联数字电网标准化工作组，从电力设备、信息传输、数据平台、业务应用和网络安全等 5 个领域建立《南方电网公司技术标准体系适应数字化发展的映射表》并持续优化，编制《南方电网公司技术标准体系适应数字化发展的映射表研究报告》，为南方电网公司变电、输电、配电、用电等各传统专业数字化转型提供全方位标准化支撑。同时，通过构建智能传感与透明电网、超导、电力市场、储能、微电网、电力物联网、区块链、网络安全防护等新兴技术领域标准子体系，加快将数字电网实践成果上升为国家、行业、国际标准，提升南方电网公司话语权和影响力。

举措 10：加强六大业务领域标准研制

规划建设领域，促进特高压电网、柔性直流输电、智能配电网、新能源并网等领域创新成果标准化，健全和完善涵盖各工程建设电力规划设计环节的标准体系，实现电网电源科学、系统、协调一致发展。稳步消除电网基准风险，全面推进工程质量管理标准化，完善工程质量管控和评价体系。

运行控制领域，研究特高压交直流混联大电网安全稳定、仿真计算、运行控制、

新能源并网运行、网源协调、电力监控系统网络安全、电力现货市场等运行管理关键技术，优化相关标准体系，提高电网运行技术支撑能力。

运维检修领域，积极推进运维检修技术与大数据、云计算、物联网、移动互联等新技术的深度融合，进一步完善运维检修技术标准体系建设，为坚强智能电网建设和运行提供保障。

安全监管领域，建立涵盖安全生产、人身安全及职业健康、环境安全应急管理、安全工器具的技术标准体系，保障公司安全发展、科学发展和可持续发展。持续推动地方政府出台防范涉电公共安全的法规和标准。

市场营销领域，健全覆盖电能计量、营业服务、营销技术、需求侧管理、用电安全、电动汽车、电能替代的电力营销标准体系，促进电力营销标准体系与经济社会发展深度融合。推动服务能力标准化建设，构建起数据闭环运转、业务快速复用组建的运营体系，充分赋能前台，提高工作效率和质量。

数字化领域，推动云计算、大数据、物联网、移动互联、5G 等新技术标准体系建设，提高公共服务能力，有效推动企业经营模式创新和新兴业务拓展。

举措 11：强化各类标准文件的有效衔接和统一管理

将典型设计、作业文件、技术规范书、现场运行规程纳入技术标准化管理范畴，充分借鉴技术标准管理经验，提出具体管理要求，明确部门职责界面，在统一执行框架下推进相关工作，全面提升标准化水平。加强技术标准与南方电网公司管理制度、作业标准的协同发展，保障技术标准承接细化落实到规程规定、典型设计和作业标准中。组织开展典型设计与技术标准相容性、一致性审查，建立典型设计动态更新机制。制定公司技术规范书编制管理指导意见，充分承接技术标准相关要求，加强关键物资的标准化管理。大力推进标准数字化，将技术标准、典型设计、采购技术规范书等文本固化至信息系统，构建公司标准化知识库，研发公司标准化知识服务高级应用，加强标准数字化转型在标准管理中的应用。

举措 12：持续推进设备标准化

大力推进设备标准化，抓好设备型号审查，深化品类优化、运行评价在设备招标采购环节的应用，持续提升设备健康水平。将生产运行中的主要设备全部纳入设备标准化工作计划，特别是配电网类设备要有所突破。明确改进方向，建立提升设备标准化的长效机制，实现主要设备的标准统一，互通互用。针对设备型号多、备品规格多等问题，切实提升运维效率，真正实现由"供应商生产什么，我们用什么"到"我们用什么，供应商生产什么"转变。

（三）完善南方电网公司标准影响力提升机制，助推公司建设成为具有全球竞争力的世界一流企业

举措 13：持续加强各级标委会的管理与建设

加强对电力行业电容器、全国电力需求侧标委会等已有标委会日常运行的监督管理与考核。推进电力行业综合能源、电力设施智能巡检、中电联输变电设备仿真、知识管理等筹建标委会正式成立。密切跟踪推动电力市场、技术监督等标委会申报筹建，并持续梳理标委会空白领域，积极组织开展新兴领域标委会申报。

举措 14：推进国家标准创新基地（直流输电与电力电子技术）建设

完善基地章程及相关制度，组织分子公司开展柔性直流、直流配电网等专业分基地建设。依托国家级基地平台整合上下游资源，建立多方参与、开放共享、协同创新的公共信息服务平台。新建标准符合性测试实验室，探索建立国家级标准验证试点。制定直流输电及电力电子技术标准化发展路线图，发起成立直流输电及电力电子产业联盟，探索新型标准转化模式。加强和北京国际标准与技术研究院的联系交流，为南方电网公司参与国际标准化活动发挥高端智库作用。2020 年完成创新基地筹建中期验收，2021 年完成创新基地筹建验收。

举措 15：系统推进公司前沿技术向国内标准转化和推广应用

组织申报 5G 应用、防灾减灾、特高压柔性直流等领域国家标准立项，参与《2021年国家标准立项指南》编制，提前策划布局国家标准立项。组织各专业部门积极参与电力行业标准体系研究，参与电力行业标准发展路线图制定，支撑电力"十四五"科技发展规划，提前策划布局行业标准立项。聚焦数字电网、人工智能、电动汽车等新技术，引导和鼓励南方电网公司各部门、各单位参与团体标准化活动，抢占市场先机。

举措 16：积极参与各类标准化示范试点建设

推进标准化良好行为企业创建活动，组织推荐广州、珠海、南宁、昆明、玉溪、

广蓄等单位参加试点，力争 5A 评级。依托昆柳龙特高压混合直流输电等重大工程，与南方电网公司核心技术工程及示范区建设同步开展标准化建设，打造工程建设、标准研制与应用同步推进的标准化示范工程。

举措 17：推进区域标准化战略合作

通过生态高峰论坛、圆桌会议等手段，分场景、分类别地开展规则标准的研究制定，构建开放型能源电力生态。与地方市场监督管理局建立常态化合作机制，积极参与粤港澳大湾区、深圳中国特色社会主义先行示范区与海南自由贸易港标准化工作，提升南网标准外部影响力。

举措 18：推动成立新的国际标准化工作组

积极承办 IEC、ISO 等国际标准化会议，参与 GO15、CIGRE 等各类国际会议。积极策划牵头制定 IEC 新技术领域发展白皮书，明确 IEC 分技术委员会申请工作流程、关键节点及规则、公司具备申请条件的优势技术领域等内容，争取承担 IEC TC/SC 国内对口单位工作，探索新成立 IEC TC/SC。

举措 19：推动公司领先技术向国际标准转化

持续推进国际标准化布局，加大 IEC/ISO/ITU 国际标准策划和申报力度，积极主导优势领域国际标准编制。组织各单位梳理现有科研成果，提出未来 3 年国际标准申报计划，推动国际标准共商共建共享。

举措 20：积极推进中国标准海外应用

开展南方电网公司技术标准在境外的适用性研究和标准比对分析，推进标准海外工程应用，促进技术标准海外落地实施。有序推进公司技术标准外文版翻译工作，强化公司核心技术标准及其外文版的同步立项、研制及发布，2021 年累计完成 15 项公司技术标准翻译。

举措 21：推进成立大湄公河次区域标准化联盟

依托南方电网公司与周边国家电网互联互通等工程，推动中国标准在大湄公河次区域广泛应用。加强与大湄公河次区域各成员国沟通交流，依托澜湄国家电力企业高峰会、澜湄电力互联互通联合技术工作组，开展大湄公河次区域标准化工作研讨，梳理各成员国标准体系的共性问题及标准缺失情况，按照国际惯例有针对性地提供国内标准英文版。定期举办大湄公河次区域标准化培训班，为当地技术人员开展标准化培训，并探索合作开展当地技术标准编制。推进成立大湄公河次区域标准化联盟，促进湄公次区域标准化合作发展。

（四）构建标准化人才队伍建设机制，营造全员标准化良好工作氛围

举措22：加强标准化专业人才培养

明确重点技术领域标准化牵头单位及技术骨干，盘点南方电网公司系统内标准化人才资源，构建公司标准化人才库，培育一批高素质标准化专业人才。加强标准化管理人才培育，派驻专业人员前往国标委、中电联等单位挂职或推荐专家进入各级标准化技术专家库，为南方电网公司提升标准化管理水平奠定基础。

举措23：加强标准化专家管理与考核

加强各级标委会人员管理，建立各省公司对口负责各级标委会人员管理的工作机制，并将委员履职情况纳入单位组织绩效考核体系。制定技术标准编写人员准入条件，优先考虑参加过南方电网公司技术标准培训的各级技术或技能专家制（修）订技术标准，并对工作年限、专业、岗位等提出明确要求。加大标准评审专家的参与度，标准编制的大纲审查、内审、专家评审等环节专家应相对固定。严格落实标准评审专家责任，将评审专家与编写人员一起列入标准前言中。同时，将标准化工作业绩纳入南方电网公司职称评定、技术专家、技能专家选聘的业绩要求。

举措24：加强国际标准化专家队伍建设

加强国际标准复合型专家培养，逐步建立涵盖国际标准化领军人物、资深专家、青年专家的国际标准化专家梯队。鼓励和组织专家参与 ISO、IEC、ITU 等国际标准化组织和各级标委会活动，争取成为国际电工领域学术组织和标准化组织广泛认可的关键参与者和部分领域的重要领导者，为南方电网公司专家出国参加国外标准化活动开辟绿色通道。选派公司技术专家前往 IEC 主席秘书处开展工作交流，深度参与 IEC 管理工作。调研 IEC 组织机构情况，编制公司高级技术专家任职 IEC 高层职务的可行性研究报告。

举措 25：健全技术标准化培训体系

常态化组织开展南方电网公司技术标准培训班，编制出版公司标准化培训教材，逐步建立覆盖国际、国家、行业、团体、企业、地方标准的知识培训体系。开设"标准大讲堂"品牌，宣贯南方电网公司重点标准及重要标准化知识。推进培训方式多样化，利用自编培训教材、信息系统多媒体教材、微信公众号推送、App知识宣讲等多渠道展开标准化业务培训。充分利用内外部媒体等渠道，建立常态化技术标准宣传与宣贯机制，传播公司标准理念和普及标准化知识，营造"标准化提升，人人有责"的标准化良好氛围。

二、保障措施

（一）加强组织领导，层层落实责任

1. 加强领导小组统筹决策

在南方电网公司技术标准化委员会的统一领导下，审定并发布本行动方案，对各项重大事项进行决策。

2. 发挥专业支撑机构作用

南方电网公司生技部牵头技术标准化归口管理，研究行动方案，加强与各相关部门、单位协同；南方电网公司技术标准中心做好管理支撑，协助行动方案落地实施。

3. 明确专业负责部门职责

总部各专业部门牵头负责本专业领域技术标准化工作，研究本专业领域技术标准发展规划；各专业部门牵头成立技术标准工作组，支撑研究本专业领域技术标准体系、切实提升技术标准质量。

4. 落实任务实施主体责任

本行动方案中各任务均应明确任务实施主体，层层落实责任，保障指导意见落地，发挥应有作用。

（二）建立工作推进机制，确保任务目标务期必成

1. 推进会议机制

按季度组织召开技术标准工作推进会，通报各项任务完成情况；召开年度南方电网公司技术标准化委员会年会，加强标准化工作的组织领导和统筹；根据年会精神，滚动修编形成年度工作方案。

2. 进度监控机制

南方电网公司将加强对各分子公司标准化建设工作的监控和指导，采取红绿灯的方式监控工作进展。各分子公司要建立月报机制，每月3日前将工作推进情况报南方电网公司生技部。

3. 任务销号机制

对每项任务实行销号管理，明确任务的工作内容、责任部门及时限要求，完成一件销号一件，确保件件有回音、事事有着落。

4. 总结回顾机制

定期回顾工作推进情况、取得成果，及时总结经验，形成可推广的工作套路。

（三）建立常态化外部联络机制

国际方面，加强与IEC各TC及其他国际标准组织的沟通与交流，积极与IEC相关TC的国内技术对口单位联络，发挥公司专业优势，积极准备新提案。简化出国审批手续，加入相关国内标委会国际化工作组，积极参与CIGRE重点领域学术活动，为IEC及其他国际标准组织的未来发展提出建设性意见，为国际标准提案寻求广泛的国际支持。

国内方面，主动向国家标准委、中电联汇报相关工作进展和思路，积极承担各级标委会筹建工作、申请各级技术标准研制，争取参与国家、行业标准化科研项目研究及法律法规、规章制度等制定；加强与各级市场监督管理局联系沟通，积极申报标准类政府资助与奖励，并与系统内相关财务制度做好对接，研究落实资助与奖励资金使用方法。

第六章　南方电网公司面向安全生产的标准化实践

第一节　南方电网公司安全生产发展标准化实践

一、建立南方电网标准体系

（一）建立南方电网公司标准体系框架

南方电网公司按照 GB/T 35778—2017《企业标准化工作指南》、DL/T 485—2018《电力企业标准体系表编制导则》等国家、电力行业标准化工作指导文件的要求，形成了如图 6－1 所示的公司标准体系框架。企业标准化方针、目标，企业适用法律法规，指导标准和相关文件属于上层文件；公司标准体系属于下层文件。上层文件是指导和制约企业标准体系的要素，强调与国家、行业等指导文件的依从性。而下层文件则是公司标准体系，包括技术标准体系、管理制度体系和工作标准体系（包括岗位标准和作业标准），强调具体指导生产活动。

技术标准是企业标准体系的核心和主体，其他标准都要围绕技术标准进行，并为技术标准服务。企业范围内的技术标准，按其内在联系形成科学的有机整体，构成企业标准体系的重要组成部分。技术标准为制定管理标准和工作标准提供基础，通过管理标准和工作标准的实施，使技术标准得以具体实现，三要素的有机结合提升企业安全生产标准化水平。

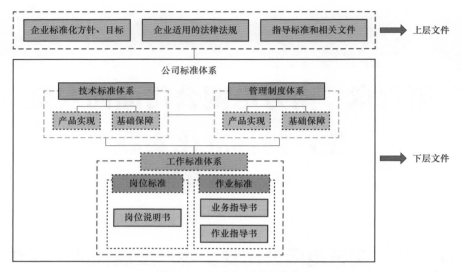

图6-1　公司标准体系框架

（二）构建南方电网公司技术标准体系与资产全生命周期映射表

　　为提高南方电网公司规划建设、生产运行的质量，促进电网高质量发展，提升技术管理水平，南方电网公司按照全专业、全过程、全方位、全层级的原则，结合技术标准化管理工作实际需求，组织研究建立了南方电网公司技术标准体系并每年滚动修编《南方电网公司技术标准体系表》。南方电网公司修编《南方电网公司技术标准体系表（2021版）》（如图6-2所示），收录标准共7572项，其中，企业标准615项、团体标准384项、行业标准3006项、国家标准3278项、国际标准289项。通过构建技术标准体系资产全生命周期映射表，将各项专业技术标准划分到规划、设计、采购、建设、运维、修试、退役等7个阶段和初设、施工图、招标、品控、施工工艺、验收与质量评定等14个分阶段中，实现了对生产设备的全生命周期管理和电网规划、建设、生产运行等电力生产环节的全过程管理。

　　南方电网公司技术标准体系表、技术标准体系资产全生命周期映射表（如图6-3所示），对各条标准逐项增加专业和分专业字段，初步实现各专业领域技术标准全覆盖，确保范围全部涵盖发电、输电、换流、变电、配电、用电、调度及二次、附属设施及工器具、信息、技术经济、安全监管等各个专业。

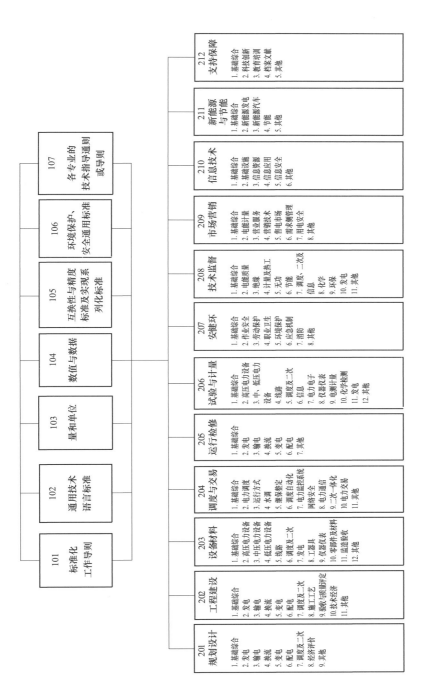

图 6-2 南方电网公司技术标准体系表（2021版）结构图

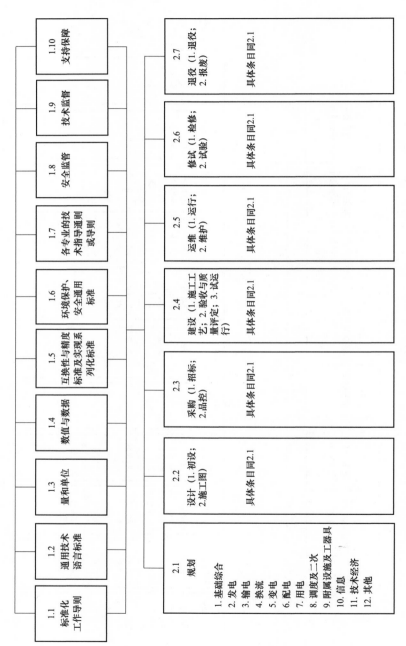

图 6-3 南方电网公司技术标准体系资产全生命周期映射表结构图（2021 年版）

南方电网公司技术标准体系表和技术标准体系资产全生命周期映射表的构建，全面贯彻落实了"网公司总部抓总（制定和发布公司技术标准体系和专业领域体系）、分子公司做实（标准编制）、基层供电局强基（标准运用与执行）"的管控思路，充分调动了各层级标准化专家，构建了全层级、全员参与的技术标准创制体系。

南方电网公司技术标准体系作为公司基础标准体系，完善了公司标准化工作基础，通过发挥技术标准的系统效应，实现了技术标准与公司各业务工作的有机衔接，有力支撑了南方电网公司生产经营活动有序、高效、健康和可持续进行，不仅保障了电网安全稳定可靠运行，同时提高了工作效率和经济效益。

二、以标准化支撑安全生产实践

（一）改进和完善公司安全生产管理标准体系

南方电网公司技术标准体系表、技术标准体系资产全生命周期映射表是南方电网公司技术标准年度修订计划和长远规划的依据，也是促进一定标准化工作范围内的标准组成达到科学合理化的基础。依据国家电力行业标准化工作的发展，结合南方电网公司发展的需要，针对安全生产管理中的每个环节、每个部门、每个岗位，以人为核心制定管理标准和流程，加强安全生产管理体系（《安全生产风险管理体系》）建设，不断改进和完善安全生产管理体制、机制和流程，深化体系与专业高度融合、与日常工作紧密结合，将体系核心思想和科学方法融入制度标准、固化到流程规范，建立健全安全生产管理标准体系，保证安全生产管理标准体系的有效运行，着力提升安全生产标准化和体系建设应用水平。

（二）适时制定和修订技术标准

根据南方电网新技术的应用和安全生产实际需要，定期进行标准有效性和适用性评价，提出技术标准和技术管理规程的制订、修订计划，规范新技术的应用，完善标准的适宜性。如南方电网公司持续完善现有技术标准体系，优化装备技术导则和设备品类，推进输变配工程标准化设计，加快重点核心领域标准研制，支撑电网升级行动，为智能电网建设、设备质量提升、防灾能力建设等电力核心业务提供支持。

如广东电网公司以技术支持为基础，以制（修）订标准为抓手，开展电网输变配电设备全生命周期技术支持和全过程技术监督，开展设备故障分析、缺陷管理、预试管理、反措管理，通过日常的生产技术支持，针对 GIS、变压器等设备滚动修订了南网 GIS、变压器等设备技术规范；开展电网设备运行监测及评价、电网灾害智能监测预警工作；开展物资品控标准体系建设和策略优化，承担主设备监造、设备入网检测、到货抽检、运行质量评价，并在生产技术支持中对标准不断进行完善和修订的标准管理模式，形成技术标准应用模式。

（三）重视标准执行的监督检查及考核

制定标准不是最终目的，而是南方电网公司标准化建设的重要一环，只有当技术标准、技术规范贯彻执行到南方电网公司实际生产的每一个环节中，标准才能体现出它的效果和价值，才能验证其充分性和适用性。南方电网公司标准化机构定期统一组织、协调、考核，从标准制订及修订适用性和管理执行等方面入手，通过互查、自查及抽查等方式全面开展，对标准贯彻执行情况进行督促、检查和处理。通过监督检查，促进标准的有效执行，并发现标准本身存在的问题，以采取有效措施进行改进。同时能够有效防止习惯性违章，规范工作行为，以有效的监督实现超前预防、预控，提升安全监督效能，确保技术标准的刚性执行。

如云南电网公司在标准执行方面，依托技术监督检查，依据南方电网公司参照相关标准制定的 65 项细则，检查全生命周期各阶段标准落实执行情况。自 2017 年起，已逐步形成了技术标准执行常态化监督，每月对运行单位开展标准要求执行情况检查，每季度结合技术监督视频会通报检查情况，督促各单位形成标准落地执行的自查—抽查—问题反馈—闭环的管控机制。

（四）开展现场标准化作业

开展现场标准化作业，核心是规范现场作业流程标准化建设和全过程控制，更加注重超前策划、危险点分析及预控，确保现场作业任务清楚、危险点清楚、作业程序清楚、安全措施清楚。做到人员到位、措施到位、执行到位、监督到位，最终达到安全生产可控、能控、在控的目标，是生产管理长效机制的重要组成部分。现场标准化作业指导书是开展现场标准化作业的具体形式。现场标准化作业指导书是对每一项作业按照全过程控制的要求，对作业计划、准备、实施、总结等各个环节，明确具体操作的方法、步骤、措施、标准和人员责任，依据工作流程组合成的执行文件。

公司在标准化成果实施方面，积极推进作业标准化工作。如云南电网公司积极开展作业指导书编制与修编工作，标准了工作步骤和质量管控，并开展了信息化后的自动分析校核功能完善，提升了日常运维工作质量。

第二节　南方电网公司技术创新标准化实践

标准化过程是一个螺旋上升的闭环，技术进步推动标准上升，标准提升促进产业发展，标准化模式呈递进发展态势。标准化与科技创新互为依存，互相促进，如影相随。公司注重标准制定与科研工作的结合，将科研成果和成熟的经验迅速转化为技术规范、技术导则和技术标准，指导公司系统的工程设计、建设和电网运行管理、规划，发挥技术研究工作的最大效能。

一、广东电网公司机巡中心

为充分发挥技术引领作用，加速智能技术与生产业务的融合应用，运用智能化、数字化、物联网等先进技术推动传统电网业务转型升级，广东电网机巡中心依托电力行业电网设备智能巡检标准化技术委员会，将技术和管理创新转化成标准成果，为电力行业设备巡检及其相关产业的发展提供坚强的标准支撑。

（一）建立完善电网企业安全生产数字化运维标准体系

建立完善电网企业安全生产数字化运维标准体系，规范输电、变电、配电等各专业智能巡检管理。变电方面，制定变电站智能终端配置标准及变电站典型设计、变电站智能运维策略与技术导则；配电方面，制定配电网机巡管理指导意见、配电线路无人机巡检作业技术标准、配电线路无人机巡检数据处理导则；输电方面，制定机巢技术规范、新建架空输电线路数字化移交标准等企业标准作业规范文件，规范企业技术行为,保证电网安全经济运行,推动智能技术在安全生产中大规模应用,实现广东电网输电、配电无人机自动巡检全覆盖,以技术进步推动管理变革,完成提质增效的同时大幅降低生产一线劳动强度。

(二)筹划组建行业标委会,解决智能巡检突出问题

2021年6月21日,能源行业电网设备智能巡检标准化技术委员会(NEA/TC 41)获批成立,第一届能源行业电网设备智能巡检标准化技术委员会有54名委员,秘书处由广东电网有限责任公司承担,由中国电力企业联合会负责日常管理和业务指导。能源行业电网设备智能巡检标准化技术委员会负责电网设备智能巡检通用基础技术、智能巡检所需传感器及其搭载装备的应用要求、智能巡检自主作业和跨专业协同方法、智能巡检数据融合分析及深度应用等相关方面的标准化工作,充分发挥自主性,调动各方积极性,建设开放式的标准化工作平台,扎实推进能源行业新型标准体系建设,着力解决当前电网设备智能巡检技术在跨专业协同方法、服务、标准不统一,数据采集、融合、应用、共享困难,网络信息安全管理薄弱等多种突出问题,引领智能巡检领域高质量发展。

(三)依托行业标准化技术委员会,发挥技术标准引领作用

依托能源行业电网智能巡检标准化技术委员会,发挥技术标准引领作用,做好标准体系规划顶层设计,在跨专业协同自动巡检、影像自动识别、数据自动处理和风险管控、自然灾害预警、快速勘灾、信息安全等方面开展技术标准编制,提出制约行业发展突出问题解决方案,引领行业高质量发展。有序开展《架空输电线路智能巡检建模技术规范》《输电线路安全风险多工况智能评估导则》等8项电力行业标准编制,《无人机载荷装置接口要求和性能特性标准》等3项IEEE国际标准编制,通过国家标准化创新基地提交3项IEC标准提案,推进南方电网公司智能巡检标准向国内、国际标准转化和应用。

(四)机巡标准引领机巡技术创新,保障安全生产

机巡中心按照广东电网公司智能技术标准体系总体布局,推动并实现了机巡由地市局分散管理向集约化方向转变,在智能技术方面,实现了机巡成果的在线发布、

缺陷闭环管理。建立输电线路数字化运行通道，开展多工况智能分析及挖掘应用，完成"一站式"大数据融合共享，同时实现多机种协同作业实时监控调度、"站到站"全天候智能巡视、缺陷智能识别、隐患智能预测、策略智能优化。制定了 39 份现场作业、数据分析、安全管理等全流程作业标准，编制了南方电网空域调度、机巡作业、数据分析、人员培训和机巡装备质量管理等技术标准，电力机巡用无人机采购技术条件书等技术规范，推动了无人机行业应用的发展。

以《多旋翼无人机自动巡检技术规范》为例。近年来，无人机巡检技术在电网得到了快速发展应用，但自动巡检技术缺乏统一的技术路线和标准，目前还是以人工手动操作无人机巡视为主。广东电网机巡技术应用从基层探索到顶层设计，建立了"点云采集建模+航线规划+北斗高精度定位"的无人机自动巡检技术路线和技术标准体系，完善从局部尝试到全面应用，从人巡到机巡，从人工遥控迈向全自动巡检，从输电到配电，从配电到挑战更加复杂的变电站巡检，从单一专业巡检到探索输变配联合巡检，从生产运维扩展到规划设计、基建、安全巡查，研发出国内首套无人机自动巡检技术配套软、硬件设备，开发三维航线规划、智巡通、机巡云盘、空三云计算、树障云计算、图像识别云计算等工具软件，实现了无人机自动充电，任务航线自动规划、自动飞行、缺陷自动分析，初步构建了完整的南网无人机自动巡检技术体系。截至目前，输电方面已完成全部 7.4 万千米架空线路（非禁飞区）、33 万基杆塔的精细化巡视、通道巡视自动巡检航线规划，实现无人机自主巡航里程全国领先；配电方面已完成全部 15.6 万千米架空线路、312 万基杆塔的精细化巡视、通道巡视自动巡检航线规划，提前建成"全国首个、规模最大的配电网机巡自动巡检全覆盖省级电网"；变电方面，汕头供电局完成全部户外 67 座、韶关供电局完成户外 130 座变电站无人机三维建模及航线规划，上述站点累计完成飞行 7139 架次，率先实现地市局户外变电站无人机自主巡视全覆盖，机巡技术的研究与应用实现了跨越式发展，极大地提升了设备巡视工作效率，也带动了公司生产领域业务模式的转变。

二、智能费控电能表系列技术标准

智能费控电能表系列技术标准包括《中国南方电网有限责任公司单相电子式费

控电能表技术规范》《中国南方电网有限责任公司三相电子式费控电能表技术规范》《中国南方电网有限责任公司关于 DL/T 645—2007 多功能电能表通信协议的扩展协议》等 3 项技术标准，均于 2015 年 5 月 21 日正式颁布实施。

（一）推进技术和专利转化为标准

系列标准充分提炼科技项目研究成果，以技术创新为驱动，以专利为保护机制，以技术标准为基础和纽带，致力于打造技术创新模式，实现标准引领。

科技项目《智能电能表与计量终端可靠性技术研究及应用》对智能电能表可靠性技术进行了充分研究，开展智能电能表中主要元器件的失效模式与影响分析，设计关键元器件可靠性试验方案，搭建针对智能电能表的关键元器件试验平台，标准中结合项目研究成果对智能电能表元器件提出了明确的技术要求。科技项目《智能电能表与计量终端软件一致性与可信性测评关键技术研究及应用》对智能电能表软件测评技术进行了充分研究，开展了智能电能表软件体系架构和缺陷预测方法研究，对智能电能表软件开展了白盒测试和黑盒测试，建立了智能电能表软件检测系统，标准中结合项目研究成果对智能电能表软件提出了明确的技术要求。同时将科技成果中形成的技术专利也应用到技术标准编制工作中，通过开展专题技术标准体系建设，促进将先进科学技术、成果转化为技术标准，推进科技研发、标准研制和产业发展一体化。

（二）推动标准在生产领域的应用及产业化

1. 促进技术创新成果转化应用

技术标准的制定实施有利于科技创新成果短时间内转化为生产力，促进科学技术在整个行业和产业中的推广。对企业而言，技术是核心，标准是手段，产业化是目标，只有三者有机结合、整体推进、综合实施，才能有效提升产业的科技水平和竞争力。

《智能费控电能表系列技术标准》属市场营销领域强制性执行标准，标准自 2015 年颁布实施以来，在 2016～2018 年南方电网公司范围内电能表招标、检测、到货验收中得到了广泛的应用，各网省公司及地市供电局均严格应用了此系列标准。同时国内有超过 30 家智能费控电能表生产企业采用此系列标准进行生产及供货。

2. 引领产业发展路线

《智能费控电能表系列技术标准》对电能表的各类外形尺寸进行了统一规定，并提供了 3D 图，各生产厂家只需按照结构 3D 图进行生产即可。同时在标准制定过程中，通过研究国内外电能表使用情况，进一步统一电能表电流规格，其中单相智能费控电能表电流规格由 4 种减少至 1 种，同比减少 300%；三相智能费控电能表电流规格由 5 种减少至 2 种，同比减少 150%。电能表外形结构的统一和规格的减少进一步推动了电能表产业结构的调整优化，提升产业生产资源的合理利用。

3. 提升行业国际竞争力

《智能费控电能表系列技术标准》对设备可靠性提出了更加严格的要求，明确了故障率指标，并对运行中发现的质量问题提出了明确的技术要求和试验方法，对于符合该系列技术标准的智能电能表的产品质量有明显的提升作用，推动了国内电能表在国际市场的竞争力，为电能表产业的发展提供了有力的支撑。

第三节 南方电网公司基建、市场营销及供应链业务标准化实践

一、基建业务标准化实践

为实现基建工程的高质量复制，提高基建技术的管控水平，进一步增强电网发展能力。南方电网公司构建了公司标准设计和典型造价 V1.0 G1～G4 四个层级的架构，包括 110～500 千伏变电站、线路杆塔、10 千伏及 35 千伏标准设计和典型造价。统一了基建工程建设标准，经过实践，取得了良好的管理效益和经济效益。

同时南方电网公司围绕整体发展规划，以推动南方电网产业布局优化、加快新能源发展为着力点，促进特高压电网、柔性直流输电、智能配电网、新能源并网等

领域创新成果标准化，推进相关成果纳入国家、行业、团体和公司企业标准，健全和完善电力规划设计标准，实现电网电源科学、系统、协调一致发展。开展全电压等级电网规划设计标准国际化路线构建，为实现"国际一流"电网提供技术支撑。

近年来，南方电网公司立足自主创新，先后承担了我国第一个大容量高压（±500千伏）直流输电工程自主化、世界第一个特高压（±800千伏）直流输电技术研究及工程建设、世界第一个多端柔性直流输电技术研究及工程建设等任务，参与编写IEEE直流输电标准3项，主持和参与编写国际直流输电标准、国家直流输电标准、行业直流输电标准和企业直流输电标准130余项，完成南方电网公司直流输电与电力电子技术标准体系建设。

以IEEE Std 1899《高压直流输电控制保护设备技术导则》为例，目前在国内外直流输电相关的科研机构、设备制造厂、生产运行单位得到广泛应用，南京南瑞继保电气有限公司以及北京四方继保自动化股份有限公司分别应用本标准开展滇西北特高压直流输电工程、云南电网与南方电网主网鲁西背靠背直流异步联网工程控制保护系统设计，研制适应工程运行特点的控制保护系统，并按照标准提出的试验要求开展了出厂试验、功能性及动态性能试验，完整地检测了控制保护系统性能。其提出的控制保护整体架构设计与关键控制策略，已成功应用于实际工程，取得了良好的社会经济效益。南方电网及国家电网均借鉴和使用本标准在滇西北特高压直流输电工程、乌东德电站送电广东广西特高压多端直流示范工程、扎鲁特—青州直流工程等直流输电工程中开展直流控制保护设备设计和性能检验，取得明显成效。

二、市场营销业务标准化实践

南方电网公司围绕"一主两翼、国际拓展"的产业布局，健全覆盖电能计量、营业服务、营销技术、需求侧管理、用电安全、电动汽车、电能替代的电力营销标准化体系，提高能源计量与管理水平，持续完善智能量测标准体系，促进电力营销标准体系与经济社会发展深度融合。

IEEE Std 2030.6《电力用户需求响应效益评价技术导则》在电网公司、售电公司和负荷服务商等企业被推广应用在网级层面，基于标准指导的效益分析与项目评价方法，集成于南网营销管理系统的需求侧有序用电管理模块，应用覆盖了网省地各级用户,实现了网省地各级有序用电预警、方案编制、执行统计与评价的功能部署及应用。通过网省地三级动态预警管理体系的构建,并兼顾高峰时段备用电力均衡化与峰谷差加权和最小化目标开展有序用电方案编制,保证不同负荷管理手段的优化配置,增强了方案编制工作的有效性,提升了有序用电管理的精细化水平。在地市级层面,基于标准的评价分析计算方法,通过平台应用实现了负荷管理工作的自动化、智能化与精细化,有效降低劳动强度、科学合理分配负荷、增加用户满意度,提高电力应急保障能力。在需求响应试点工作中,研究所提的评价指标体系、监测与评价方法在前期用户筛选、响应策略和后评价中都发挥了重要作用,为提升用户响应效果、减少对用户的影响,降低响应成本提供了测算依据。随着配售侧市场改革对用户综合调控业务的催化作用增强,本标准研究的成果和方法,能够从项目规划、实施和后评价等方面提供有益指导。

三、供应链业务标准化实践

（一）优化完善设备招标策略

南方电网公司物资招标采购工作在公司总部和各分子公司、直属机构两级招投标管理体系的基础上,遵循统一的采购策略、统一的规范标准、统一的工作流程、统一的采购平台、统一的供应商管理、统一的评标专家管理（简称"六统一"）原则,为实现物资招标采购活动的规范化、标准化提供了制度支撑。

南方电网物资采购遵循"统一技术规范、统一参数接口、统一选型配置"的原则,根据南方电网公司统一的技术规范和标准设计,组织制定南方电网公司统一的物资采购标准,将采购标准延伸至供应商设备制造标准中,最终实现南方电网公司物资的标准化管理,采购满足电网安全及资产全生命周期综合最优的设备,促进装备水平的整体提升,为电网安全运行提供保障。

（二）优化设备选型和技术标准

南方电网公司大力推进设备标准化,细化一级采购物资技术规范的专用部分内容,修编二级采购物资技术条件书,统一物资采购与设备运维标准;制定物资到货验收标准；制定品控技术标准。

以品控技术标准为例，为响应国务院关于《深化标准化工作改革方案》（国发〔2015〕13 号）中提出的加强企业标准建设意见的要求，南方电网公司主持制定并持续修编了品控技术标准。该技术标准与技术规范书、采购技术标书相配套，是企业标准体系的重要一环。该标准为品控人员提供了品控指导依据，是将质量控制节点提前、实现"零缺陷"管理的有效手段。品控标准建设是南方电网公司首创，改变了标准编制工作中存在的标准制定与产业实际脱节的问题。

南网品控技术标准品按照送样抽检、设备监造、到货抽检、专项抽检四项业务分别制定技术标准，将缺陷处理业务融入各类技术标准中。各类设备与相关业务的对应关系按照南方电网公司颁布的品控策略执行。在管理层面，品控标准基于历史数据分析，结合国内外先进的品控理论及方法，构建以 WHS 质量控制为核心，覆盖入网设备、材料设计选型、生产制造、安装调试等关键环节的供应链全生命周期多层次品控管理体系。在技术层面，品控标准规定了设备检测的基本程序和要求、设备的检测项目和所采用的方法，根据设备特性提出了相应的抽样方案和抽样检测结果的评定准则等。

第四节 南方电网公司数字化转型标准化实践

一、编制南方电网公司技术标准体系适应数字化发展的映射表

在人类社会数字化浪潮驱动下，党的十九大报告提出建设数字中国。为深入贯彻习近平总书记关于网络安全和信息化工作的重要论述，认真落实党的十九大对建设网络强国、数字中国、智慧社会做出的战略部署，积极投身国家"一带一路"建设，建设世界一流智能电网，为粤港澳大湾区发展提供一流的能源保障，南方电网公司明确提出数字南网建设要求，将数字化作为公司发展战略路径之一。电网数字化转型，将促使南方电网公司拓展新业务、开辟新领域、研制新的技术标准，通过

标准化推动南方电网向数字化转型。

为了有效支撑南方电网公司数字化转型工作的开展，进一步提升技术标准对数字化发展的促进作用，南方电网公司在南方电网技术标准体系的基础上，按照数字化转型和数字电网建设的需要，组织编制了《南方电网公司技术标准体系适应数字化发展的映射表研究报告》，并根据体系表形成了涵盖技术基础、电力设备、信息传输、数据平台、业务应用、网络安全等领域的《南方电网公司技术标准体系适应数字化发展的映射表》，含标准共计 7572 项，支撑南方电网公司数字电网建设。

参考南方电网公司技术标准体系的两层结构，将适应南方电网公司数字化发展的技术标准体系映射表同样分为两层架构：

第一层为技术基础标准，主要涉及标准化的工作导则、通用技术语言标准、量和单位、数值与数据、互换性与精度标准及实现系列化标准、环境保护、安全通用标准、各专业的技术指导通则或导则和技术监督等一系列内容，与南方电网公司技术标准体系的技术基础标准相比，增加了技术监督部分。

第二层为技术专业标准，具体细分为电力设备、信息传输、数据平台、业务应用和网络安全等 5 个领域。

南方电网公司技术标准体系适应数字化发展映射表结构如图 6–4 所示。

其中电力设备涵盖了发电、输电、变电、配电、用电和工器具、仪器仪表及其他六个部分的设备标准，包括了一次设备和二次设备；信息传输包括了基础综合、通信协议、广域无线通信、广域有线通信相关的技术标准；数据平台包括了电力信息系统相关的技术规范；业务应用主要涉及电网业务的相关技术标准；网络安全则是包括了网络安全设备类技术规范以及相关业务类技术规范。

具体来说，南方电网公司技术标准体系适应数字化发展的映射表架构基本继承现有技术标准体系，并结合数字化要求进行了迭代升级。其中，公共基础就是对应南方电网公司技术标准体系的第一层——技术基础标准，然后将原有的设备材料按照发、输、变、配、用重新划分，同时结合信息化、数字化技术发展，将原来的信息技术中的设备细化为信息传输和数据平台，剩余业务部分全部放置业务应用，因为网络安全是贯穿于设备、通信、平台以及业务的，所以将网络安全独立出来。经调整后，整体结构更能顺应数字化发展的需要。

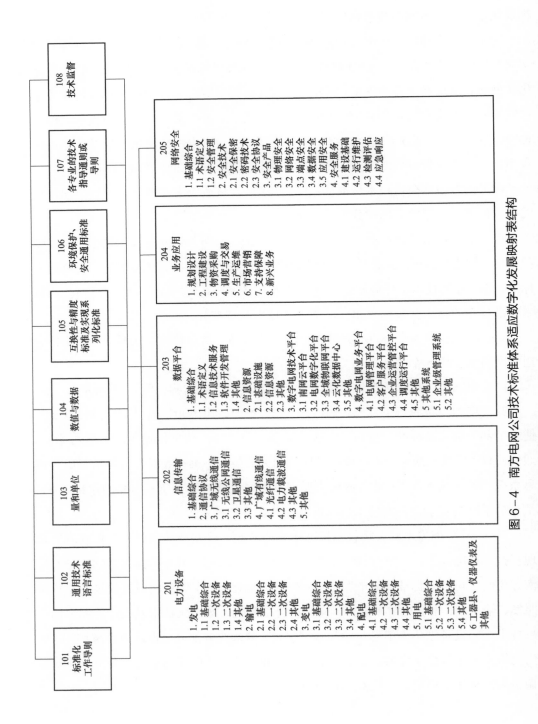

图6-4 南方电网公司技术标准体系适应数字化发展映射表结构

南方电网公司技术标准体系适应数字化发展的映射表第二次层的技术专业标准不是一个层级划分结构，而是相互平行、相互影响的结构，电力设备类标准可用于业务应用的各个环节，信息传输又涉及电力设备和电力业务的各个环节，网络安全和数据平台则涵盖了发、输、变、配、用和规划设计、工程建设、物资采购、调度与交易、生产运维、市场营销、安全监管、新兴业务的各个环节。

二、以数字化为标准全生命周期协同赋能

为全面贯彻落实南方电网公司"十四五"发展规划和《南方电网公司提升技术标准化工作水平行动方案》，全面提升南方电网公司技术标准质量，充分发挥标准化在公司治理、推动高质量发展和"三商转型"中的重要作用，提出《南方电网公司全生命周期技术标准协同工作方案》。在方案中，按照"对标清存量、机制遏增量、数字化赋能"的总体思路，提出以数字化为标准全生命周期协同赋能的 3 项重点举措，为南方电网公司加快建设成为具有全球竞争力的世界一流企业提供坚强的标准化支撑。

（一）制定标准数字化顶层架构

基于标准全生命周期协同的业务需求，开展南网数字标准顶层架构设计，建立覆盖标准化管理全部组织层级、业务流程和标准化生命周期的能力金字塔顶层架构模型，研究南网标准数字化接口规范及集成方案，制定标准数字化转型行动方案。

（二）构建指标化、模型化的标准知识库

开展南方电网公司数字标准关键技术应用研究，将传统的标准文本进行碎片化、知识元化和指标化加工，建立南方电网公司标准指标体系，形成支持电力业务运行的标准知识图谱，构建面向南方电网公司统一服务的标准知识库，实现各环节数据、知识、信息、标准的共享。

（三）研发南网数字标准智能化服务平台

围绕典型场景标准化等实质性业务支撑需求，根据南方电网公司数字化转型相

关要求和微服务技术路线，研发标准结构化、关联化、智能化工具，并嵌入电网设计、招标采购、差异化分析、知识问答等业务场景，实现标准在电网业务流程的贯彻实施和落地，以数字化促进标准全生命周期协同。

三、成立数字电网标准工作组

南方电网公司在 2019 年成立全球首家数字电网研究院——南方电网数字电网研究院有限公司，为南方电网生产经营、管理和发展提供全方位的网络安全和数字化支撑与服务。南方电网公司连续两年印发实施《公司数字化转型和数字电网建设行动方案》，印发实施《公司数字化转型和数字电网建设促进管理及业务变革行动方案》，持续深化数字电网建设。

2020 年 10 月，在南方电网公司的推动下，国内首个电力行业数字电网标准化工作组织——中电联数字电网标准化工作组成立，打造集科学研究、技术创新、工业实践、标准制定为一体的数字电网生态合作圈，把数字电网的实践成果上升为国家标准、国际标准，抢占数字电网国际创新的制高点。

参 考 文 献

[1] 许慎．说文解字［M］．长春：吉林美术出版社，2015．

[2] 保罗．萨缪尔森，威廉·诺德豪斯．经济学［M］．北京：人民邮电出版社，2008．

[3] 弗里德里希·恩格斯，家庭、私有制和国家的起源［M］．北京：人民出版社，2003．

[4] 刘跃进．国家安全学［M］．北京：中国政法大学出版社，2004．

[5] 中国南方电网有限责任公司．安全生产风险管理体系［M］．北京：中国电力出版社，2017．

[6] 栾兴华．企业安全文化与员工安全行为［J］．劳动保护，2008（4）．

[7] 颜芸芸．安全生产标准化与安全生产风险管理体系融合研究［J］．电力讯息，2017（12）．

[8] 中国南方电网有限责任公司．南方电网技术标准实用丛书　第一分册　基础篇［M］．北京：中国电力出版社，2019．

[9] 中国南方电网有限责任公司．南方电网技术标准实用丛书　第四分册　实践篇［M］．北京：中国电力出版社，2019．

[10] 颜芸芸．安全生产标准化与安全生产风险管理体系融合研究［J］．通讯世界，2017（22）：244－245．

[11] 娄山，刘平原．企业技术标准形成机制研究——论南方电网公司物资品控标准的形成［J］．企业管理，2016（S2）：293－294．